"十四五"职业教育国家规划教材

"十三五"职业教育国家规划教材

中等职业教育课程改革国家规划新教材

电工技术基础与技能

第 3 版

主　编　姚锦卫

副主编　王淑玲　　王化中

参　编　张晓华　　陈志雪　　丁卫民

机械工业出版社

本书是在中等职业教育课程改革国家规划新教材《电工技术基础与技能》第2版基础上修订而成的。

本书主要包括电能与安全用电、直流电路、电容和电感、单相正弦交流电路、三相正弦交流电路、磁路与变压器、综合实训共7章内容。在相应章节中穿插的实训项目有：认识实训环境、简易发光电路的安装与检测、电容器充放电电路安装、常用电工材料与导线的连接、观测交流电、插座与简单照明电路的安装、荧光灯电路安装与故障检测、照明电路配电板的安装、三相照明电路安装与检测、小型变压器检测以及综合实训——户内开关箱的安装与调试。本书突出知识的应用，体现"必需、够用"的原则，与生产和生活实际相结合，设置了"知识拓展""操作指导""小提示""小技巧""科学常识""知识问答""专业英语词汇"等培养学生动手能力和拓宽学生知识面的小栏目，且知识和技能的安排从简单到复杂、从单一到综合，符合学生的认知规律。

本书可作为中等职业学校电气类、机电类专业教材，也可作为相关专业工程技术人员的岗位培训教材。

为便于教学，本书将原理动画、视频等以二维码形式插入到相关内容处，并配套有电子教案、多媒体课件、习题答案、试题库等教学资源，选择本书作为教材的教师可来电（010-88379195）索取，或登录 www.cmpedu.com 网站，注册、免费下载。同时在超星学习通平台建有"电工技术基础与技能"课程教学示范包，授课教师可实现一键建课。

图书在版编目（CIP）数据

电工技术基础与技能/姚锦卫主编. —3 版. —北京：机械工业出版社，2019. 9（2023. 8 重印）

中等职业教育课程改革国家规划新教材

ISBN 978-7-111-63880-3

Ⅰ.①电… Ⅱ.①姚… Ⅲ.①电工技术-中等专业学校-教材 Ⅳ.①TM

中国版本图书馆 CIP 数据核字（2019）第 214527 号

机械工业出版社（北京市百万庄大街 22 号 邮政编码 100037）
策划编辑：赵红梅 责任编辑：赵红梅 高亚云
责任校对：张 征 封面设计：马精明
责任印制：任维东
北京富博印刷有限公司印刷
2023 年 8 月第 3 版第 12 次印刷
184mm×260mm · 12.75 印张 · 312 千字
标准书号：ISBN 978-7-111-63880-3
定价：39.80 元

电话服务 网络服务
客服电话：010-88361066 机 工 官 网：www.cmpbook.com
 010-88379833 机 工 官 博：weibo.com/cmp1952
 010-68326294 金 书 网：www.golden-book.com
封底无防伪标均为盗版 机工教育服务网：www.cmpedu.com

关于"十四五"职业教育
国家规划教材的出版说明

为贯彻落实《中共中央关于认真学习宣传贯彻党的二十大精神的决定》《习近平新时代中国特色社会主义思想进课程教材指南》《职业院校教材管理办法》等文件精神，机械工业出版社与教材编写团队一道，认真执行思政内容进教材、进课堂、进头脑要求，尊重教育规律，遵循学科特点，对教材内容进行了更新，着力落实以下要求：

1. 提升教材铸魂育人功能，培育、践行社会主义核心价值观，教育引导学生树立共产主义远大理想和中国特色社会主义共同理想，坚定"四个自信"，厚植爱国主义情怀，把爱国情、强国志、报国行自觉融入建设社会主义现代化强国、实现中华民族伟大复兴的奋斗之中。同时，弘扬中华优秀传统文化，深入开展宪法法治教育。

2. 注重科学思维方法训练和科学伦理教育，培养学生探索未知、追求真理、勇攀科学高峰的责任感和使命感；强化学生工程伦理教育，培养学生精益求精的大国工匠精神，激发学生科技报国的家国情怀和使命担当。加快构建中国特色哲学社会科学学科体系、学术体系、话语体系。帮助学生了解相关专业和行业领域的国家战略、法律法规和相关政策，引导学生深入社会实践、关注现实问题，培育学生经世济民、诚信服务、德法兼修的职业素养。

3. 教育引导学生深刻理解并自觉实践各行业的职业精神、职业规范，增强职业责任感，培养遵纪守法、爱岗敬业、无私奉献、诚实守信、公道办事、开拓创新的职业品格和行为习惯。

在此基础上，及时更新教材知识内容，体现产业发展的新技术、新工艺、新规范、新标准。加强教材数字化建设，丰富配套资源，形成可听、可视、可练、可互动的融媒体教材。

教材建设需要各方的共同努力，也欢迎相关教材使用院校的师生及时反馈意见和建议，我们将认真组织力量进行研究，在后续重印及再版时吸纳改进，不断推动高质量教材出版。

机械工业出版社

第3版前言

本书是在中等职业教育课程改革国家规划新教材《电工技术基础与技能》第2版基础上修订而成的。

本书以学生综合素质培养为出发点，力争达到如下目标：使学生掌握电类专业必备的电工技术基础知识和基本技能，具有分析和处理生产与生活中一般电工问题的基本能力，具备继续学习后续电类专业课程的学习能力，为获得相应的职业资格证书打下基础，同时培养学生的职业道德与职业意识，提高学生的综合素质与职业能力，增强学生适应职业变化的能力，为学生职业生涯的发展奠定基础。

《电工技术基础与技能》一书自2010年出版后，以其鲜明的职业教育特色、科学合理的内容、完善实用的资源配套，受到了广大院校师生的欢迎，并于2016年和2019年两次进行修订。为使本书内容紧跟技术发展，更加符合立德树人的要求，在保留第3版主体内容与特色的基础上，对内容进行了优化、补充和调整，主要做了以下几个方面的工作：

（1）落实德技并修育人理念。通过"小提示"将安全意识、规范意识、职业标准融入课程内容；通过"案例导入"将中国技术成就、先进设备的应用等融入教材，培养学生的爱国情怀和民族自豪感，树立科技报国的志向；通过"知识拓展"将新知识、新技术、新工艺引入教材；通过"知识应用"引导学生运用知识解决生活和工作中的实际问题；通过"科学常识"中科学家的经历和成就，引导学生刻苦钻研、守正创新。

（2）发挥"互联网+"信息技术优势。针对教材中的重点和难点内容，制作了原理动画、视频、微课等教学资源，并以二维码的形式插入到相关内容处，方便扫码学习，降低了学习难度。在超星学习通平台建有"电工技术基础与技能"课程示范教学包，授课教师可实现一键建课，示范教学包提供教学设计、导学案、电子课件、在线自测、习题库、作业库、试卷库和课堂活动库等，为线上线下混合式教学提供了较为全面的支持。

（3）引入了校企合作的成果。根据国家职业资格标准和行业职业技能鉴定标准，更新并修改了触电现场救护的内容，完善户内开关箱的装配工艺。

（4）根据低压电工作业职业技能鉴定要求，对有关内容进行了调整、修改，从电工考证试题库中选择了相关习题补充到教材练习题中，为将来考取职业资格证书打下坚实的基础。

（5）突出了"做中学"的职业教育特色。在实训项目的实施中，将环保意识、节约意识、协作意识、劳动精神、工匠精神融入教材；在实训项目评价中增加了职业能力、职业道德和工匠精神考核。

本书教学学时分配建议如下，任课教师可根据具体情况做适当调整。

章节	内容	学时数	章节	内容	学时数
第 1 章	电能与安全用电	8	第 5 章	三相正弦交流电路	8
第 2 章	直流电路	24	第 6 章	磁路与变压器	8
第 3 章	电容和电感	14	第 7 章	综合实训　户内开关箱的安装与调试	8
第 4 章	单相正弦交流电路	26	合计		96

书中带"＊"号章节为选学内容，可根据需要进行学习。

全书共 7 章，由河北省科技工程学校姚锦卫任主编并统稿，河北省保定技师学院王淑玲、聊城市技师学院王化中任副主编。河北省科技工程学校张晓华、风帆股份有限公司陈志雪、太原铁路机械学校丁卫民参与编写。具体编写分工如下：张晓华编写第 1 章，姚锦卫编写第 2 章和第 7 章，王化中编写第 3 章，王淑玲编写第 4 章，丁卫民编写第 5 章，陈志雪编写第 6 章。上海数林软件有限公司参与制作了部分教学资源，姚锦卫制作了其余资源。在本书编写过程中，编者参阅了国内外的有关教材和资料，在此对相关作者一并表示衷心感谢！

由于编者水平有限，书中难免存在缺点和疏漏，恳请广大读者批评指正，读者反馈邮箱：yjinwei@ 126. com。

编　者

第2版前言

本书是中等职业教育课程改革国家规划新教材《电工技术基础与技能》的第2版，是根据教育部2009年颁布的《中等职业学校电工技术基础与技能教学大纲》，并参考有关国家职业资格标准和行业职业技能鉴定标准修订而成的。

本书以学生综合素质的培养为出发点，力争达到如下目标：使学生掌握电类专业必备的电工技术基础知识和基本技能，具备分析和处理生产与生活中一般电工问题的基本能力，具备继续学习后续电类专业课程的学习能力，为获得相应的职业资格证书打下基础，同时培养学生的职业道德与职业意识，提高学生的综合素质与职业能力，增强学生适应职业变化的能力，为学生职业生涯的发展奠定基础。

在广泛征求各有关院校对本书使用意见和建议的基础上，第2版对第1版的内容进行了调整和修订，保留了第1版中一些重要的内容和实训，删除了每章后面的电子小制作，删除了"直流电压表、直流电流表的使用方法"；将综合实训"三相动力配电板的安装与调试"换成了应用更为广泛的"户内开关箱的安装与调试"，同时在实训中加强了工艺训练的内容；将第1版第5章的"触电的现场抢救"合并到第1章的安全用电部分，从维修电工和电工上岗证国家题库中选择了相关习题补充到"巩固与提高"和"练习题"中，以便巩固所学知识，检查学习效果，同时为将来考取职业资格证打下坚实的基础。

本书主要特色如下：

（1）根据大纲要求，结合科技发展，不断更新教学内容。知识和技能的安排从简单到复杂、从单一到综合，符合学生的认知规律。教学内容与最新国家规范、行业标准及生产实践紧密结合。尽可能多地采用新知识、新器件和新工艺，且选取的案例与日常生活、生产劳动和社会实践联系紧密。注重内容的趣味性、通用性、实用性和先进性。

（2）突出"做中学、做中教"的职业教育特色，提倡多元评价体系。学做结合，整合基础理论知识与基本技能内容，充分协调知识、能力、素质培养三者之间的关系。

（3）编写风格生动活泼、图文并茂，语言精练、通俗易懂。教材中配有大量实物照片及操作过程图解，便于学生理解。

（4）重视安全文明生产、规范操作等职业素养的形成，注意节约能源、节省原材料与爱护工具设备、保护环境等意识与观念的树立，考虑与职业技能鉴定和技能大赛相衔接。

（5）呈现形式创新，完善教材配套。教材中设置了"知识拓展""操作指导""小提示""小技巧""科学常识""知识问答""专业英语词汇"等小栏目，旨在提高学习效率，拓宽学生知识面。教材配套有电子教案、多媒体课件、试题库和习题答案等教学资源，为教师教学与学生自学提供较为全面的支持。

本书教学学时分配建议如下，任课教师可根据具体情况做适当调整。

章节	内容	学时数	章节	内容	学时数
第 1 章	电能与安全用电	8	第 5 章	三相正弦交流电路	8
第 2 章	直流电路	24	第 6 章	磁路与变压器	8
第 3 章	电容和电感	14	第 7 章	综合实训　户内开关箱的安装与调试	8
第 4 章	单相正弦交流电路	26	合计		96

　　全书共 7 章，由河北省科技工程学校姚锦卫任主编并统稿。参加本书编写的还有太原铁路机械学校丁卫民，保定市高级技工学校王淑玲，河北省科技工程学校葛永国、陈云飞，风帆股份有限公司陈志雪。具体分工如下：陈云飞编写第 1 章，姚锦卫编写第 2 章和第 7 章，王淑玲编写第 3 章，葛永国编写第 4 章，丁卫民编写第 5 章，陈志雪编写第 6 章。本书经全国中等职业教育教材审定委员会审定，由王慧玲、陈伟任主审。教育部评审专家及各位审稿专家对本书内容及体系提出了很多宝贵的建议，在此对他们表示衷心的感谢！编写过程中，编者参阅了国内外出版的有关教材和资料，在此对相关作者一并表示衷心感谢！

　　由于编者水平有限，书中难免存在缺点和疏漏，恳请广大读者批评指正，以便进一步完善本书，读者反馈邮箱 yjinwei@ 126. com。

编　者

二维码索引

页码	名　　称	二维码	页码	名　　称	二维码
5	单相触电		25	电位与电压的区别	
5	两相触电		31	常用电阻器外形	
5	跨步电压触电		36	欧姆定律仿真	
14	低压验电笔		48	指针式万用表的使用	
19	手电筒控制		48	数字式万用表的使用	
19	电路的三种状态		56	戴维南定理	
23	电流参考方向		67	常用电容器外形	
23	常见电流波形		68	电容器充放电	
24	电压参考方向		75	磁铁性质	

页码	名 称	二维码	页码	名 称	二维码
75	磁场		89	剥线钳的使用	
76	通电长直导线的磁场		89	电工刀的使用	
76	通电螺线管的磁场		98	发光二极管对比实验仿真	
80	电磁感应现象实验1		99	正弦交流电的周期变化	
80	电磁感应现象实验2		112	示波器的调整操作	
81	利用楞次定律判断感应电流方向		123	纯电阻电路实验仿真	
81	楞次定律实验		124	纯电阻电路	
82	交流发电机工作原理		125	纯电感电路实验仿真	
84	常用电感器外形		126	纯电容电路实验仿真	
86	互感现象		127	纯电容电路	

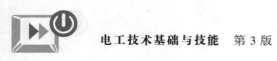

电工技术基础与技能　第 3 版

（续）

页码	名　称	二维码	页码	名　称	二维码
148	单相电度表的使用		175	小型变压器原理	
156	三相交流发电机工作原理				

目　录

第1章 电能与安全用电

 本章导读

知识目标

1. 了解电能的产生与输送；
2. 了解人体触电类型及常见原因，掌握防止触电的保护措施；
3. 了解电气火灾的防范及扑救常识；
4. 了解电工实训室的电源配置，熟悉电工实训安全操作规程；
5. 认识常用电工工具及仪器仪表。

技能目标

1. 能正确使用低压试电笔；
2. 能进行触电现场救护；
3. 能正确使用灭火器。

素养目标

1. 学习电工严谨认真、爱岗敬业的精神；
2. 正确使用防护用品和安全用具，养成安全用电习惯；
3. 掌握触电急救要领，尊重生命，培养社会责任感。

学习重点

1. 电工实训安全操作规程；
2. 防止触电的保护措施；
3. 电气火灾的处理。

1.1 电能的产生与输送

由于电能具有便于转化、便于输送和分配、便于控制等优点，被广泛应用于现代工业、

1

现代农业、交通运输、科学技术、国防建设以及人们的日常生活中。你知道电能是怎样传输到千家万户的吗？

电能是由其他形式的能量转换而成的，常用的发电形式有将风能转换成电能的风力发电、将水的动能转换成电能的水力发电、将热能转换成电能的火力发电、将核能转换成电能的核能发电等。电能通过电网再传输给生产、生活中各用电设备。图 1-1 所示为风力发电站、水力发电站、火力发电站和核电站。

图 1-1　电能的产生

a）风力发电站　b）水力发电站　c）火力发电站　d）核电站

除上述发电形式外，还有太阳能发电、地热能发电、海洋能发电、生物质能发电等可再生能源发电。目前，我国使用的电力主要来自火力发电厂和水力发电厂。出于节能和安全考虑，通常把大型发电厂建在煤炭或水力资源丰富的地方，但可能距离用电地区较远。为了减少在几十甚至几百公里输电线路上的电能损失，需要高压输电。由于发电机的材料、结构以及安全运行等因素，发电机不能产生太高的电压。发电机电压等级有3.15kV、6.3kV、10.5kV、15.75kV、24kV、26kV 等多种。电力系统由发电、输电（供电）、变电、配电及用电五个环节组成，电力网分为输电网和配电网。电能的输送示意图如图 1-2 所示。

GB/T 156—2017《标准电压》规定，我国的输电电压等级有 35kV、66kV、110kV、220kV、330kV、500kV、750kV、1000kV 等，输电电压的高低要根据输电距离和输电容量而定，原则是：输电容量越大，距离越远，输电电压就越高。我国也采用高压直流输电，把交流电转化成直流电后进行输送。在电力传输领域，35kV 及以下电压等级称为配电电压；110～220kV 电压等级称为高压；330～500kV 电压等级称为超高压；1000kV 及以上电压等级称为特高压。

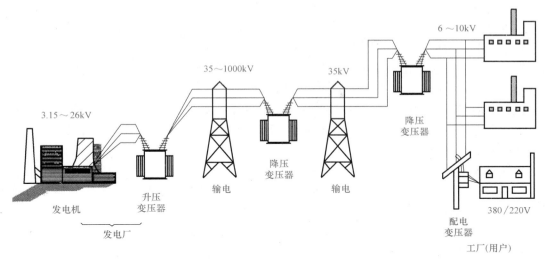

图 1-2　电能的输送示意图

 知识拓展

可再生能源发电

可再生能源发电泛指利用可以再生的能源（人类历史时期内都不会耗尽的能源）来发电，包括水力发电、风力发电、生物质能发电、太阳能发电、海洋能发电和地热能发电等。

【水力发电】　水力发电是利用水位落差，推动水轮机转动，再以水轮机为原动力，推动发电机产生电能。水力发电效率高、发电成本低，但是建厂周期长、基础建设投资大，电力输出易受气候旱雨的影响。水力发电在水能转化为电能的过程中不发生化学变化，不排放有害物质，对环境影响较小。

【风力发电】　风力发电是利用风力带动风车叶片旋转，再通过增速机将旋转的速度提升，来促使发电机发电。风力发电系统由风力机系统、发电机系统和控制器组成，现代风力发电系统发展趋势为变速恒频笼型异步风力发电系统。我国风能较丰富地区为新疆、内蒙古、东南沿海等地。风力发电没有燃料问题，也不会产生辐射或空气污染。

【太阳能发电】　太阳能被称为理想的可再生能源。太阳能发电有两种方式，一种是热能发电（光能转化为热能再转化为电能），另一种是光伏发电（光电直接转换）。其中太阳能光伏发电，因为其无枯竭风险、安全可靠、无噪声、无污染排放、不受资源分布地域的限制、无需消耗燃料和架设输电线路即可就地发电供电、建设周期短等原因，所以发展潜力巨大。

1.2　安全用电

电能的应用给人们的生产生活带来了极大的便利，但同时，由于人们的用电不当而造成的安全事故也时有发生。只有懂得安全用电，才能避免发生触电事故，保护人身和设备的安全。

1.2.1 安全用电常识

1. 安全用电标志

安全用电标志分为颜色标识和图形标志。颜色标识常用来区分各种不同性质、不同用途的导线，或用来表示某处安全程度。图形标志一般用来告诫人们不要去接近危险场所。为保证安全用电，必须严格按有关标准使用颜色标识和图形标志。

【颜色标识】 明确统一的标志是保证用电安全的重要措施。统计表明，不少电气事故是由于标志不统一造成的。例如由于导线的颜色不统一，误将相线接设备的机壳，而导致机壳带电，酿成触电伤亡事故。

我国一般采用的颜色标识有以下几种：

1）红色：用来标识禁止、停止和消防，如信号灯、信号旗、机器上的紧急停机按钮等都是用红色来表示"禁止"的信息。

2）黄色：用来标识注意危险。如"当心触电""注意安全"等。

3）绿色：用来标识安全无事。如"在此工作""已接地"等。

4）蓝色：用来标识强制执行，如"必须戴安全帽"等。

5）黑色：用来标识图像、文字符号和警告标识的几何图形。

按照规定，为便于识别、防止误操作，确保运行和检修人员的安全，采用不同颜色来区别设备特征。如电器的三相母线，U 相为黄色，V 相为绿色，W 相为红色，接地线（PE线）采用黄绿双色。在二次系统中，交流电压回路用黄色，交流电流回路用绿色，信号和警告回路用白色。

【图形标志】 常见的安全用电图形标志如图 1-3 所示。

图 1-3 常见的安全用电图形标志

 实践环节

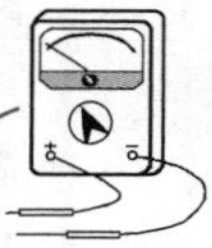

观察安全用电标志

➤观察学校配电室、配电箱上面或其他用电设备上的安全标志。

➤观察实训台出线端钮的颜色，符合标准吗？将对应的颜色填入括号，U 相（ ）、V 相（ ）、W 相（ ）。

➤某低压开关控制柜在安装时，需要接地线，你知道地线是何种颜色的吗？

2. 安全电压

安全电压是不致危及人身安全的电压。安全电压值取决于人体的电阻和人体允许通过的电流，我国规定的安全电压等级为 42V、36V、24V、12V 和 6V，应根据作业场所、操作员条件、使用方式、供电方式、线路状况等因素选用。凡手提照明灯、危险环境和特别危险环境的手持式电动工具，一般采用 42V 或 36V 安全电压；凡金属容器内、隧道内、矿井内等工作地点狭窄、行动不便，以及周围有大面积接地导体的环境，应采用 24V 或 12V 安全电压；除上述条件外，特别潮湿的环境采用 6V 安全电压。

3. 电流对人体的作用

人体触电的本质是有电流通过人体。电流对人体伤害的严重程度一般与通过人体电流的大小、时间、部位、频率和触电者的身体状况有关。流过人体的电流越大，危险越大；电流通过人的脑部和心脏时最为危险；工频电流的危害要大于直流电流。按照人体对电流生理反应的强弱和电流的伤害程度，可将电流分为三级：

【感知电流】 通过人体能引起任何感觉的最小电流值。

【摆脱电流】 手握电极的人能自行摆脱电极的最大电流值。

【致命电流】 大于摆脱电流，能够置人于死地的最小电流。

触电可分为电击和电伤两种类型，电击是电流对人体内部组织的伤害，是最危险的一种伤害。电伤一般是对人体外部造成的局部伤害，如电弧伤、电灼伤等。

频率为 50~100Hz 的电流最危险，通过人体的电流超过 50mA（工频）时，就会导致呼吸困难、肌肉痉挛、中枢神经受损害，从而使心脏停止跳动以致死亡；电流流过大脑或心脏时，最容易造成死亡事故。

4. 触电方式

人体触电的方式主要有单相触电、两相触电、跨步电压触电等。

【单相触电】 单相触电是指人体触及一相带电体所引起的触电事故。当中性点接地时，人体将承受 220V 电压，如图 1-4a 所示。

【两相触电】 两相触电是指人体同时触及两相带电体所引起的触电事故。人体将承受 380V 电压，如图 1-4b 所示，因此两相触电比单相触电更严重。

【跨步电压触电】 当发生雷击时或电力线路的一根带电导线（特别是高压线）断落在地面时，电流经接地点流入地面，并向四周扩散。此时导线的落地点电位最高，距离落地点

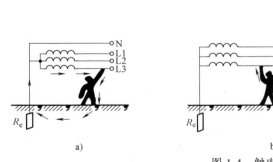
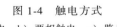

图 1-4 触电方式

a）单相触电 b）两相触电 c）跨步电压触电

单相触电　　　　　　　　　　两相触电　　　　　　　　　跨步电压触电

越远，电位越低。当人的两脚同时踩在不同电位的地面两点时，两脚之间的电压就称为跨步电压。当跨步电压超过人体允许的安全电压时就会触电，如图1-4c所示。

1.2.2 防触电措施

防触电措施一般有预防直接接触触电和预防间接接触触电两种。

1. 预防直接接触触电

预防直接接触触电措施有绝缘措施、屏护措施和间距措施。

【绝缘措施】 用绝缘材料把电器或线路的带电部分封闭起来。良好的绝缘措施是保证电气设备和线路正常运行和预防触电的重要措施。

【屏护措施】 用遮拦、护罩、护盖等屏护装置将带电体与外界隔离，以避免人体触及或接近带电体所引起的触电事故。

职业标准

屏护的要求

➢屏护所用材料应具有：足够的机械强度、良好的耐火性、足够的尺寸、与带电体间有必要的距离。

➢遮拦高度：不应低于1.7m，下部边缘离地不应超过0.1m。

➢栅遮拦的高度：户内不应小于1.2m，户外不应小于1.5m。

【间距措施】 带电体与地之间、带电体与带电体之间、带电体与其他设施和设备之间，均应保持一定的安全距离。安全距离的大小取决于电压高低、设备类型、环境条件和安装方式等因素。

2. 预防间接接触触电

设备的金属外壳应采用保护接地、保护接零、剩余电流保护等措施以防止间接接触触电。详见第5章用电保护部分。

1.2.3 触电现场救护

触电者能否获救，关键在于能否尽快脱离电源和实行紧急救护。现场触电急救的原则：迅速、就地、准确、坚持。

1. 脱离电源

使触电者脱离电源的具体方法归纳起来有"拉""切""挑""拽""垫"五个字。

【拉】 立即拉开电源开关或拔下电源插座上的插头。

【切】 若一时找不到电源开关，应迅速用绝缘良好的钢丝钳切断电线，断开电源。

【挑】 使用绝缘工具（如干燥的木棒、竹竿等）将电线从触电者身上挑开。

【拽】 救护人员可站在干燥木板或橡胶垫上，用一只手抓住衣服将触电者拉离电源。

【垫】 救护人员可用绝缘的木板直接塞在触电者身下，使触电者与地隔离，阻止电流通过触电者入地。

以上方法要根据不同场合合理选用，脱离电源的方法如图1-5所示。

2. 伤员脱离电源后的处理

触电者在等待送医院抢救时，必须进行现场救护。1min内进行抢救，生还的概率非常

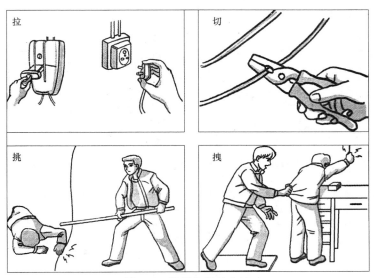

图 1-5　脱离电源的方法

高，若在 6min 后再进行抢救则非常危险。

触电者脱离电源后，迅速将其安放在通风、凉爽的地方，让其仰卧，松开衣服和裤带，探查呼吸是否存在、脉搏是否跳动、瞳孔是否放大。根据触电者伤情，迅速联系医疗救护部门，做好将触电者送往医院的准备工作。

1）有知觉或无知觉但心肺正常。应让其静卧休息、密切观察，并等待医生前来或送医院诊治。

2）有心跳而呼吸停止。在等待医生的同时，应采用"口对口人工呼吸法"进行抢救。

3）有呼吸而心脏停搏。在等待医生的同时，应采用"胸外心脏按压法"进行抢救。

4）呼吸和心跳均停止。应同时实施"口对口人工呼吸法"和"胸外心脏按压法"，习惯上称为"心肺复苏法"。

口对口人工呼吸法技术要领见表 1-1。

表 1-1　口对口人工呼吸法技术要领

适用情况	呼吸微弱或停止而心跳正常
图示	清除口腔阻塞　　　　头部尽量后仰　　　　含嘴吹气　　　　放开换气
技术要点	1. 吹气：救护者一手捏住鼻孔并将手掌外缘压住触电者额部，使其抬头仰颌 2. 换气：救护者换气时，应放开触电者口部，松开鼻孔，让其自然排气 3. 吹气速度时间：对成年人约 14~16 次/min，约 5s 一个循环，吹气约 2s，换气约 3s 　　　　　　　　　对儿童应 18~24 次/min，吹气量不能太大，也不捏鼻子 4. 吹气压力：刚开始时吹气压力适当偏大偏快，以后适当减小减慢 5. 如果触电者张口困难，可采用口对鼻吹气法
口诀	病人仰卧平地上，鼻孔朝天颈后仰。首先清理口鼻腔，然后松扣解衣裳 捏鼻吹气要适量，排气应让口鼻畅。吹二秒来停三秒，五秒一次最恰当

胸外心脏按压法技术要领见表 1-2。

表 1-2 胸外心脏按压法技术要领

适用情况	心跳微弱、不规则或停止而呼吸正常
图示	找准按压位置　　手形和姿势　　压胸　　放松
技术要点	1. 准备:触电者仰卧,救护者跪在其一侧,双手交叠,肘关节伸直,掌根对准压点 2. 按压部位:掌根放在两乳连线的中点(胸骨下三分之一部位) 3. 按压力度:救护者双臂绷直,靠自身重量向下按压,按压深度 5~6cm,压至最低点后突然放松 4. 按压频率:触电者若是成年人,100~120 次/min;触电者若是小孩,用单手,100 次/min
口诀	病人仰卧硬地上,松开领扣解衣裳。当胸放掌不鲁莽,中指应该对凹膛 掌根用力向下按,压力轻重要适当。慢慢压下突然放,每分百次最恰当

心肺复苏法技术要领见表 1-3。

表 1-3 心肺复苏法技术要领

适用情况	呼吸微弱或停止,心跳微弱、不规则或停止
图示	Compressions 胸外按压　　Airway 清通气道　　Breathing 人工呼吸　　2005 年标准:A—B—C　　2015 年标准:C—A—B
技术要点	1. 一名施救者:胸外按压 30 次,再人工呼吸 2 次,如此循环 2. 两名以上施救者:每 5 个循环轮换按压和人工呼吸人员 3. 救护人应密切观察触电者反应。只要发现触电者有苏醒迹象,例如眼皮闪动或嘴唇微动,就应中止操作几秒钟,以使触电者自行呼吸和心跳
注意事项	心肺复苏程序变化:C—A—B,即胸外按压—清通气道—人工呼吸

 实践环节

触电急救模拟训练

➤利用橡胶模拟人进行口对口人工呼吸法的救护操作,掌握基本操作要领和操作步骤。

➤利用橡胶模拟人进行胸外心脏按压法的救护操作,掌握基本操作要领和操作步骤。

➤利用橡胶模拟人进行心肺复苏法的救护操作,掌握基本操作要领和操作步骤。

1.2.4　电气火灾的防范与补救

1. 电气火灾的防范

电气火灾的起因主要是在电的生产、传输、变换及使用过程中，由于线路短路、触点发热、电动机长时间过载运行、断路器或电缆头爆炸、低压电器触头分合及电热设备使用不当等所导致的高温、电火花和电弧等。电气火灾的危害性很大，一旦发生，损失惨重。因此，对电气火灾一定要贯彻"预防为主、消防结合"的原则，积极做好"防着火点、防可燃物、防助燃剂"的"三防"工作。

2. 电气火灾的扑救

1）发生火灾时，应保持清醒的头脑，不要惊慌，要冷静地根据现场情况采取适当的处理措施。

2）尽快切断电源，防止火势蔓延。可采用拔插销、拉开关、断电线等多种可行的方法。

3）发现火情应及时拨打 119 火警报警电话，向消防部门报警。

作为电气操作人员应该掌握必要的电气消防知识，以便在发生电气火灾时，能运用正确的灭火知识，指导和组织人员迅速灭火。

知识拓展

灭火器的使用常识

灭火器的种类很多，每种灭火器适用场合又各不相同。常见的灭火器主要有泡沫灭火器、二氧化碳灭火器、干粉灭火器、1211 灭火器和水基灭火器等，外形如图 1-6 所示。

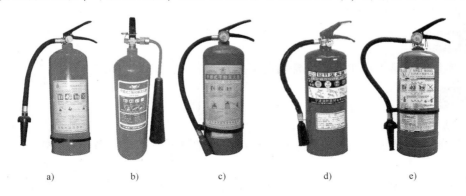

图 1-6　常见的灭火器外形

a）泡沫灭火器　b）二氧化碳灭火器　c）干粉灭火器　d）1211 灭火器　e）水基灭火器

常见灭火器的适用场合：

【泡沫灭火器】　主要适用于扑救各种油类火灾及木材、纤维、橡胶等固体可燃物火灾；

【二氧化碳灭火器】　主要适用于扑救贵重设备、档案资料、仪器仪表和额定电压为 600V 以下的电器及油脂等的初期火灾；二氧化碳灭火器分为手轮式和鸭嘴式。鸭嘴式二氧化碳灭火器的使用方法如下：将灭火器提到离火源 2m 的地方，站在火场的上风头，拔下保险销，一手握紧喷管，另一手揑紧压把，喷嘴对准火焰根部扫射，并不断推前，直至把火扑灭。

【干粉灭火器】 主要适用于扑救石油及其产品、可燃气体和电气设备的初期火灾。干粉灭火器的使用如图1-7所示。

【1211灭火器】 适用于扑救油类、精密机械设备、仪表、电子仪器、设备及文物、图书、档案等贵重物品的初期火灾。

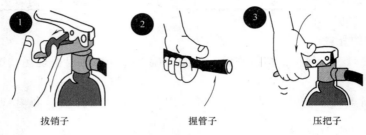

拔销子   握管子   压把子

图 1-7 干粉灭火器使用

实训 1 认识实训环境

实训目标

1）了解电工实训室电源配置，熟悉安全操作规程。

2）认识常用电工工具及仪器仪表。

3）正确使用低压试电笔。

实训器材

电工实训台、常用电工工具、常用电工仪器仪表、低压试电笔。

实训内容

任务一 认识实训室

实训室是进行理实一体化教学、提高学生实践技能的教学实习场所。尽管各校的电工实训室配置不同，但其基本功能大体是一致的。学生应在指导教师的带领下，进入电工实训室，了解电工实训室的电源配置、各级配电箱的位置和作用，注意安全通道和消防设施的位置，学习实训室操作规程，认识常见电工工具及仪器仪表。图1-8所示为某校电工实训室。

1. 电工实训室操作规程

进入实训室，应认真学习《电工实训室操作规程》，并在实训过程中自觉服从。一般规定如下：

1）学生应按时上下课，严格遵守操作规程，注意保持实训室整洁，共同维护良好的实训秩序。

2）操作前，应明确操作要求、操作顺序及所用设备的性能指标。

3）连接电路前，应检查本组实训设备、仪器仪表和工具等是否齐全和完好，若有缺损，及时报告指导教师。

图 1-8　某校电工实训室

4）按照电路图正确接线。连接电路时，先接设备，后接电源；拆卸电路时顺序相反。

5）电路接好后，先认真自查，然后必须请指导教师复查，确认无误后，再给实训台送电，绝不允许学生擅自合闸送电。

6）实训台送、停电操作流程：

【送电流程】　先合上实训台总电源开关，再合上实训台各分路开关，最后合上实训电路控制开关。

【停电流程】　与送电流程顺序相反。

7）读取并记录分析相关电路动作现象，操作中应确保人身和设备安全。

8）实训时若遇到异常现象或疑难问题，应立即切断本组电源并进行检查，禁止带电操作。排除故障后，经指导教师同意，方可重新送电。

9）实训完成后，断开本组电源，教师检查实训结果无误后方可拆线。

10）清点器材并归还原处，若有丢失或损坏应及时向指导教师说明，经指导教师允许后方可离开实训室。

2. 常用电工工具和仪器仪表

【常用电工工具】　常用电工工具是指一般电工岗位都要使用的工具，有试电笔、偏口钳、尖嘴钳、剥线钳、电工刀、螺钉旋具等，如图 1-9 所示。电工工具是电工必备的工具，每一名合格的电工都必须能够熟练使用，这些工具在以后的学习中都会用到。

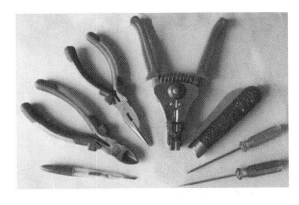

图 1-9　常用电工工具

11

实践环节

➤将图 1-9 中各工具的名称依次写在下面：

【常用仪器仪表】　常用仪器仪表主要有万用表、示波器、函数信号发生器、电能表、钳形电流表、绝缘电阻表（又称兆欧表）等，其外形与作用见表 1-4。

表 1-4　常用仪器仪表

序号	名称	外　形	作　用	使 用 方 法
1	万用表		可测量直流电流、直流电压、交流电压、电阻和音频电平等，是应用最为频繁的电工仪表	见第 2 章操作指导 2-1、2-2
2	示波器		观察各种信号的波形，测量信号的电压、电流、相位差、频率等参数	见第 4 章操作指导 4-1
3	函数信号发生器		可以输出正弦波、方波、三角波等信号波形	见第 4 章操作指导 4-2
4	电能表		计量电能	见第 4 章实训 4-4

12

（续）

序号	名称	外　形	作　用	使用方法
5	钳形电流表	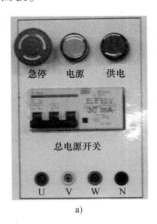	在不断开电路的情况下，测量交流电路的电流	见第 5 章操作指导
6	绝缘电阻表（兆欧表）	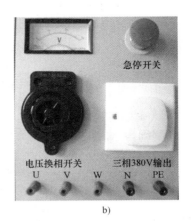	俗称摇表，主要用来检查电气设备、家用电器或电气线路对地及相间的绝缘电阻	见第 6 章操作指导

【电工实训室的其他配置】　电工实训室除上述电工工具及仪器仪表外，一般还有照明电路板、荧光灯及附件、三相电能表、小型变压器和常用低压电器元件等。

3. 电工实训室电源配置

实训室中多是三相电源供电，实训台提供的交流电源有三相四线制电源和三相五线制电源两种。三相四线制电源有三根相线（U、V、W），一根中性线（N）。三相五线制电源比三相四线制电源多一根地线（PE）。图 1-10a 所示为三相四线制控制面板，图 1-10b 所示为三相五线制控制面板。

图 1-10　实训室电源

a）三相四线制控制面板　b）三相五线制控制面板

电路需要给电时，应将电源开关（实训台应使用带有剩余电流保护的低压断路器）闭合（向上推），实验后应关闭电源开关（向下拉）。注意图 1-10a 左上角、图 1-10b 右上角所

示的红色蘑菇形急停按钮，可以在紧急情况下直接按下，以避免机械事故或人身事故。

任务二　用试电笔检测实训台电源

通过用试电笔检测实训台电源或教室墙上的插座等，掌握低压试电笔的使用方法。

1. 认识试电笔

试电笔又称低压验电器，简称电笔，是用来检验低压设备上是否有电以及区别相线（火线）和中性线（零线）的一种验电工具。试电笔外形有钢笔式和螺钉旋具式两种，其结构如图 1-11 所示，它由笔尖（金属体）、电阻、氖管、笔身、小窗、弹簧和笔尾（金属体）组成。

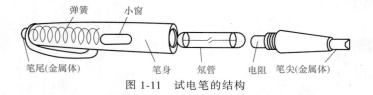

图 1-11　试电笔的结构

低压验电笔

常见试电笔的电压测量范围为 60～500V，高于 500V 的电压要使用高压验电器来测试。使用试电笔时，手要接触笔尾（金属体），但一定不要触及笔尖（金属体），以免发生触电事故，氖管小窗要朝向自己，以便观察。试电笔的握笔方法如图 1-12 所示。

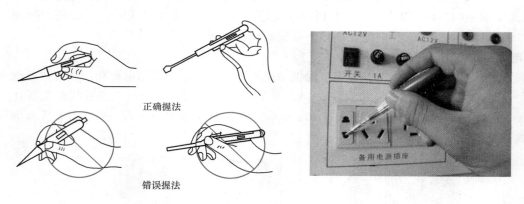

图 1-12　试电笔的握笔方法

将试电笔的笔尖（金属体）触碰带电体，使带电体、试电笔、人体和大地构成通路，氖管发光。由于试电笔里面串联的电阻阻值很大，因此通过人体的电流很微弱，不用担心触电。

小提示

试电笔使用规范

❖ 试电笔每次使用前应在带电的插座或开关上试测一下，确认试电笔良好后方可使用。

❖ 验电时应将试电笔逐渐靠近被测体，直至氖管发光。只有在氖管不发光，并在采取防护措施后，才能与被测物体直接接触。

❖ 测试点若表面不清洁，可用笔尖（金属体）刮磨几下测试点，但一定不能搭接在被测的双线上。

2. 检测实训台电源

合上电源开关，用试电笔来测试实训台上电压引出端是否有电，并记录到表 1-5 中。试电笔发光的在相应空格中打"√"。

表 1-5　检测实训台电源记录

检 测 点	试电笔是否发光	检 测 点	试电笔是否发光
U		PE	
V		6V	
W		15V	
N		20V	

小提示

❖ 正常电路中，测试相线时试电笔发光，测试中性线时试电笔不发光。
❖ 试电笔不亮不代表该地一定没电。由于常见低压试电笔的电压测量范围为 60 ~ 500V，因而测量 6V、15V、20V 等较低电压时试电笔不亮。

本 章 小 结

1）电能具有便于转化、便于输送、分配和便于控制等优点。

2）在工程中，U、V、W 三根相线通常分别用黄色、绿色、红色来区分，PE 线采用黄绿双色。

3）我国安全电压等级为 42V、36V、24V、12V 和 6V，应根据作业场所、操作员条件、使用方式、供电方式、线路状况等因素选用。

4）触电可分为电击和电伤两种类型。电击是电流对人体内部组织的伤害，是最危险的一种伤害。

5）按照人体对电流生理反应的强弱和电流的伤害程度，可将电流分为感知电流、摆脱电流和致命电流三级。

6）人体触电的方式主要有单相触电、两相触电、跨步电压触电等。

7）现场触电急救的原则可总结为八个字：迅速、就地、准确、坚持。

8）使触电者尽快脱离低压电源，可采用"拉""切""挑""拽""垫"的方法。

9）触电者呼吸停止，但心跳尚存，应采取口对口人工呼吸法；如心跳停止，还有呼吸，应采取胸外心脏按压法；如呼吸、心跳均停止，采取心肺复苏法。

10）常见低压试电笔的电压测量范围为 60 ~ 500V。

练 习 题

1. 填空题

（1）电力系统由_____、输电、变电、配电及_____五个环节组成。

（2）触电可分为_____和_____两种类型，_____是电流对人体内部组织的伤害。

（3）电流分为三级：感知电流、_____电流、_____电流。

（4）人体触电的方式主要有_____触电、_____触电、跨步电压触电等。

（5）现场触电急救的原则可总结为八个字：_____、_____、_____、_____。

（6）常见低压试电笔的电压测量范围为_____。

2. 单选题

（1）在电气工程中，U、V、W 三根相线通常分别用（　　）颜色来区分。

A. 黄、绿、红　　　　　　B. 黄、红、绿　　　　　C. 红、黄、绿

（2）在金属容器内、隧道内施工时，应采用（　　）安全电压。

A. 36V　　　　　　　　　B. 24V 或 12V　　　　　C. 6V

（3）电伤是指电流对人体（　　）的伤害。

A. 内部组织　　　　　　　B. 表皮　　　　　　　　C. 局部

（4）触电事故中，内部组织受到较为严重的损伤，这属于（　　）。

A. 电击　　　　　　　　　B. 电伤　　　　　　　　C. 电灼伤

（5）感知电流是通过人体能引起感觉的（　　）电流值。

A. 最大　　　　　　　　　B. 最小　　　　　　　　C. 平均

（6）摆脱电流是人触电后能自主摆脱带电体的（　　）电流值。

A. 最大　　　　　　　　　B. 最小　　　　　　　　C. 平均

（7）被电击的人能否获救，关键在于（　　）。

A. 触电的方式　　　　　　B. 人体电阻的大小　　　C. 能否尽快脱离电源和实行紧急救护

（8）触电者呼吸停止，但心跳尚存，应采取（　　）。

A. 口对口人工呼吸法　　　B. 胸外心脏按压法　　　C. 心肺复苏法

（9）触电者呼吸和心跳都停止，应采取（　　）。

A. 口对口人工呼吸法　　　B. 胸外心脏按压法　　　C. 心肺复苏法

（10）对触电者进行口对口人工呼吸操作时，需掌握在每分钟（　　）。

A. 8～10 次　　　　　　　B. 12～16 次　　　　　　C. 20 次

（11）胸外心脏按压要以均匀速度进行，每分钟（　　）左右。

A. 80～100 次　　　　　　B. 100～120 次　　　　　C. 大于 120 次

（12）人体同时触及两相带电体所引起的触电事故，称为（　　）。

A. 单相触电　　　　　　　B. 两相触电　　　　　　C. 接触电压触电

（13）低压试电笔检测电压的范围是（　　）。

A. 60～500V　　　　　　 B. 800V　　　　　　　　C. 大于 1000V

（14）用低压试电笔区分相线与中性线时，当试电笔触及导线，氖管发亮的即为（　　）。

A. 相线　　　　　　　　　B. 中性线　　　　　　　C. 地线

3. 判断题

（1）电流通过人体的途径从左手到前胸是最危险的电流途径。　　　　　　　　（　　）

（2）影响触电后果的因素只与电流大小有关。　　　　　　　　　　　　　　　（　　）

（3）"拉""切""挑""拽""垫"是解救触电者脱离低压电源的方法。　　　　（　　）

（4）一般情况下，发生单相触电的较少。　　　　　　　　　　　　　　　　（　　）

（5）一般情况下，两相触电最危险。　　　　　　　　　　　　　　　　　　（　　）

（6）触电人员如神志清醒，应使其在通风暖和处静卧观察，暂时不要走动。（　　）

（7）通畅触电者的气道可用仰头抬颌法。　　　　　　　　　　　　　　　　（　　）

（8）对有心跳但无呼吸者应采用胸外按压法进行现场救护。　　　　　　　　（　　）

（9）对有呼吸但无心跳者应采用胸外按压法进行现场救护。　　　　　　　　（　　）

（10）可用两手指轻压喉结一侧（左或右）凹陷处的颈动脉有无搏动的方法判断触电者心跳是否停止。　　　　　　　　　　　　　　　　　　　　　　　　　　　　　（　　）

知 识 问 答

问题1. 低压试电笔的氖管发光的条件是什么？

答：要使试电笔的氖管发光，需要同时具备两个条件：1）被测电压高于氖管的起辉电压，目前常用的试电笔的起辉电压为交流65V左右，直流90V左右；2）通过氖管的电流需大于一定数值，一般大于1μA。

问题2. 如何用低压试电笔区分交流电和直流电？

答：判断交流电与直流电口诀：电笔判断交直流，交流明亮直流暗，交流氖管通身亮，直流氖管亮一端。使用低压试电笔之前，必须在已确认的带电体上试测；在未确认试电笔正常之前，不得使用。

问题3. 发现火情后，如何报警？

答：发现火情应及时拨打119火警报警电话。拨打119报警时，应准确报出失火方位。如果不知道失火地点名称，应尽可能说清楚周围明显的标志，如建筑物等。尽量讲清楚起火部位、着火物资、火势大小、是否有人被困等情况，同时应派人在主要路口等待消防车。在消防车到达现场前应设法扑灭初期火灾，以免火势扩大蔓延。

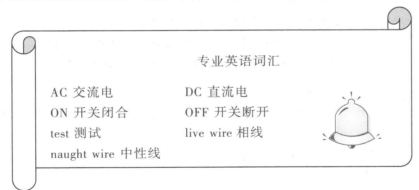

专业英语词汇

AC 交流电　　　　　　DC 直流电
ON 开关闭合　　　　　OFF 开关断开
test 测试　　　　　　live wire 相线
naught wire 中性线

第2章 直流电路

 本章导读

知识目标

1. 了解电路的组成及电路的三种状态；
2. 理解电流、电压和电功率的概念，并能进行简单计算；
3. 了解电阻器及其参数，会计算导体电阻；
4. 了解电阻元件电压与电流的关系，掌握欧姆定律；
5. 掌握基尔霍夫电流定律与基尔霍夫电压定律；
6. 了解实际电源的电路模型、负载获得最大功率的条件及其应用。

技能目标

1. 会识读简单电路图，会根据简单的实物电路画出电路图；
2. 能识别常用、新型电阻器，会识读色环电阻；会用万用表测量电阻值；
3. 会使用直流电压表、直流电流表和万用表测量电路中的电压和电流。

素养目标

1. 实训中养成规范操作、精益求精的工匠精神；
2. 小组合作学习，平等待人、诚实守信；
3. 学好知识和技能，树立科技报国的志向。

学习重点

　　电路组成、电压、电流、电功率、欧姆定律应用、电阻串并联电路计算、基尔霍夫电流定律与基尔霍夫电压定律及应用、戴维南定理及其应用。

18

2.1　电路与电路图

案例导入

用导线将干电池、开关和小电珠按图 2-1 所示电路接起来。合上开关，小电珠亮了；断开开关，小电珠就熄灭了。生活中手电筒就是依靠这种非常简单的电路原理工作的。

图 2-1　手电筒电路

手电筒控制

2.1.1　电路组成及各部分的作用

电流流通的路径称为电路。电路一般由电源、负载、开关和连接用的导线四部分组成。各部分的作用如下：

【电源】　把其他形式的能转换成电能，如干电池、太阳能电池、发电机等。

【负载】　使用电能做功的装置，把电能转换成其他形式的能，如小电珠、电炉、电动机等。

【开关】　控制电路的接通和断开。

【导线】　将电源、开关、负载接成闭合回路，输送和分配电能。

2.1.2　电路的三种状态

电路通常有以下三种状态：通路状态、断路状态、短路状态。

电路的三种状态

【通路状态】　开关接通，电路构成闭合回路，有电流通过。

【断路状态】　开关断开或电路中某处断开，电路中无电流。

【短路状态】　电路（或电路中的一部分）被短接。短路时往往会形成很大的电流，损坏供电电源、线路或负载（即用电设备）。电源短路（电源两端直接由导线接通的状态）时，将会有非常大的电流流过，可能把电源、导线、设备等烧毁，甚至引起火灾、爆炸等，应绝对避免。

电路的三种状态如图 2-2 所示。

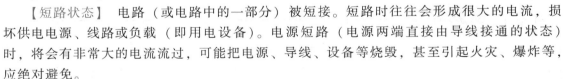

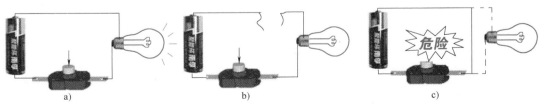

图 2-2　电路的三种状态

a）通路状态　b）断路状态　c）短路状态

2.1.3　电气符号与电路图

用统一规定的图形符号和文字符号表示电路连接情况的图，称为电路图。其图形符号要遵守国家标准《电气简图用图形符号》的相关规定。随着社会发展、技术的进步，现有的标准会不断修订完善，新标准也会不断产生。部分常用理想元件符号及实物见表 2-1。

表 2-1　部分常用理想元件符号及实物

名称	实物图	电气符号	名称	实物图	电气符号
电池		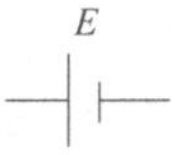 E	电阻	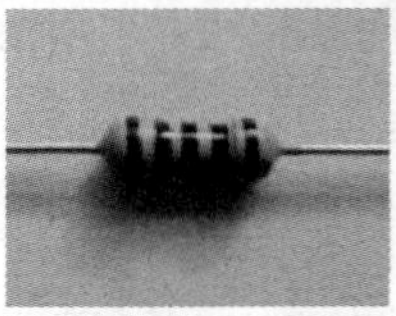	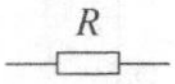 R
白炽灯		 EL	电容	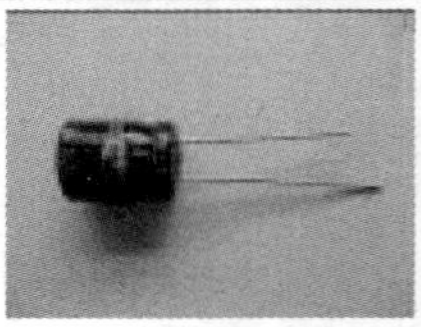	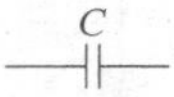 C
开关		 S或Q	电感		 L
电压表		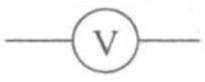 V	熔断器		 FU
电流表		 A	接地		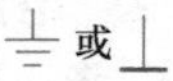 ⏚ 或 ⏚

 实践环节

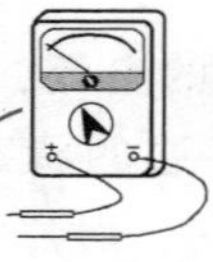

画电路图

➤请用表 2-1 所给出的理想元件符号在图 2-3 空白处画出图 2-1 对应的电路图。(答案在本章找)

图 2-3　图 2-1 对应电路图

 知识拓展

常见的供电电源

生活中的电器产品种类繁多，它们都需要有相应的供电电源才能正常工作。电源按其提供的电能形式，分为交流电源和直流电源。

1. 交流电源

交流电源是生产、生活中应用最多的电源。家用电器大多采用单相交流电源供电，工业生产则多采用三相交流电源供电，实验室中还有小信号电源——信号发生器等。

2. 直流电源

最常用的直流电源是各种电池，电动玩具、便携式仪器仪表、遥控器等都需要电池供电，常用干电池的应用如图 2-4 所示。

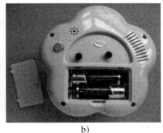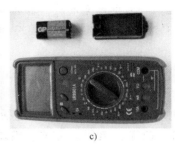

a) b) c)

图 2-4 常用干电池的应用

a) 儿童玩具的供电电池 b) 钟表的供电电池 c) 数字式万用表的供电电池

除此之外，为了获得多种电压等级的直流电源，还可以利用特定的电路，将交流电转变成直流电，例如图 2-5 所示的开关电源、适配器、蓄电池等，都是通过电子电路将交流电变为直流电的常用直流电源。

a) b) c)

图 2-5 常用直流电源

a) 开关电源 b) 适配器 c) 电动自行车蓄电池

 巩固与提高

1. 填空题

(1) 电流流通的_____称为电路。

(2) 电路由＿＿＿＿＿＿、＿＿＿＿＿＿、＿＿＿＿＿＿和＿＿＿＿＿＿组成。

(3) 电路通常有＿＿＿＿＿＿、＿＿＿＿＿＿和＿＿＿＿＿＿三种状态。

2. 单选题

(1) 下列设备中，一定是电源的是（　　）。

A. 电视机　　　　B. 白炽灯　　　　C. 发电机　　　　D. 蓄电池

(2) 电源（　　）时，将会有非常大的电流流过，可能把电源、导线、设备等烧毁，甚至引起火灾、爆炸等，应绝对避免。

A. 通路　　　　B. 断路　　　　C. 短路　　　　D. 开路

(3) 电路一般由电源、负载、开关和（　　）组成。

A. 导线　　　　B. 用电器　　　　C. 接触器　　　　D. 干电池

3. 判断题

(1) 电路一般由电源、负载组成。　　　　　　　　　　　　　　　　（　　）

(2) 给蓄电池充电时，蓄电池是作为负载的。　　　　　　　　　　　（　　）

(3) 用统一规定的图形符号和文字符号表示电路连接情况的图，称为电路图。（　　）

2.2　电路的基本物理量

电路中的基本物理量主要包括电流、电压、电位、电动势以及电功、电功率等。

2.2.1　电流、电压、电位、电动势

1. 电流

【电流的定义】　电荷的定向移动形成电流。物质由分子或原子组成，原子又由原子核和核外电子组成。正常状态下，原子核所带的正电荷和围绕在它周围的电子所带的负电荷相等，原子呈现中性，因此对外不显电性。"电"虽然看不到、摸不着，但可以通过实验证明它的存在。丝绸摩擦过的玻璃棒所带的电荷为正电荷，毛皮摩擦过的橡胶棒所带的电荷为负电荷，这些电荷称为静电。电荷具有同性相斥、异性相吸的性质。

带电物体所带电荷的多少称为电荷量，简称电量，用 Q 表示。电荷量的单位是库[仑]，符号为 C，1C 约等于 $6.24×10^{18}$ 个电子所带的电量。

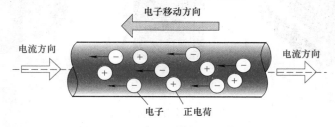

图 2-6　电流方向与电子的移动方向相反

【电流的方向】　像水有流向（从高处流向低处）一样，电流也有流向，如图 2-6 所示。

习惯上规定正电荷的运动方向为电流的实际方向。但在进行电路分析计算时，往往很难事先判断电流的实际方向，因此引入参考方向的概念，并在电路中用箭头标出。其方法是：任意假设某一支路中的电流参考方向，把电流看作代数量，若计算结果为正，则表示电流的实际方向与参

考方向一致；若计算结果为负，则表示电流的实际方向与参考方向相反，如图 2-7 所示。

电流参考方向

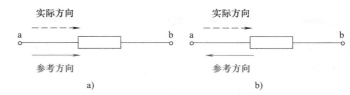

图 2-7　电流的参考方向与实际方向的关系

a）$I>0$　b）$I<0$

　　大小和方向均不随时间变化的电流称为恒定电流，简称直流电流，如图 2-8a 所示。大小随时间变化但方向不随时间变化的电流称为脉动直流电流，如图 2-8b 所示。大小和方向都随时间变化，这样的电流称为交流电流，如图 2-8c 所示。

常见电流波形

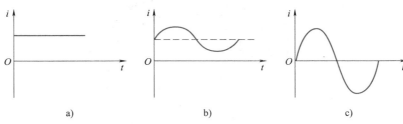

图 2-8　直流电流、脉动直流电流与交流电流

a）直流电流　b）脉动直流电流　c）交流电流

　　【电流的单位】　电流是表示带电粒子定向运动强弱的物理量，在数值上等于单位时间（1s）内流过导体横截面的电荷量，用公式表示为

$$I = Q/t \qquad (2\text{-}1)$$

式中　Q——通过导体横截面的电荷量，单位是库［仑］，符号为 C；

　　　t——通过电荷量 Q 所用的时间，单位是秒，符号为 s；

　　　I——电流，单位是安［培］，符号为 A。

　　电流的国际单位为安［培］（A），常用单位还有微安（μA）、毫安（mA）、千安（kA），其换算关系如下：

$$1kA = 10^3 A；\quad 1A = 10^3 mA；\quad 1mA = 10^3 \mu A$$

─── 科学常识 ───

安　培

　　安培（1775—1836），法国著名物理学家，对数学和化学也有贡献。安培通过自学在 1802 年成为了物理学和化学教授。他的主要成就是 1820～1827 年对电磁作用的研究：发现了安培定则；发现电流的相互作用规律；发明了电流计；提出分子电流假说；总结出了安培定律。安培对电磁现象的研究对以后电磁学的发展有着深远的影响。为了纪念安培在电学上的杰出贡献，人们以他的姓氏作为电流的单位。

2. 电压

案例导入

图 2-9 所示为水从高处流向低处的示意图。水位描述了水流路径中某个点相对于地面的高度。水分子在地球引力的作用下从高水位流向低水位处，运动做功，水位差越大，做功越多。我们将电荷比作水分子，电场力比作地球引力。同样，我们也需要一个物理量来描述电场中某个点相对于参考点的位置，即引入"电位"的概念，同时需要一个物理量来描述电场力对电荷做功的本领，即引入"电压"的概念。

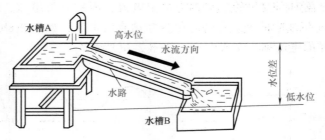

图 2-9　水从高处流向低处的示意图

【电压的定义】　电压是衡量电场力对电荷做功本领大小的物理量。A、B 两点之间的电压用 U_{AB} 表示，在数值上等于单位正电荷在电场力作用下，由 A 点移动到 B 点电场力所做的功。

【电压的方向】　电压的方向规定为从高电位指向低电位的方向。若电压实际方向未知，可以先假定其参考方向。

电压方向的表示方法有：可以用符号 U 加上双下标，如 U_{AB} 表示电压方向从 A 点指向 B 点；也可以在元件两端或电路中的两点标上极性（+、-）来表示；还可以用带箭头的线段来表示。在电压的实际方向未知时，可以任意假定电压的参考方向，此时参考方向与实际方向的关系与电流类似，如图 2-10 所示。

当然，在对电路进行分析和计算时，原则上电压和电流的参考方向都是可以任意指定的。但为了方便起见，一般都将元件上的电压和电流的参考方向取为一致，这种参考方向称为关联参考方向，否则称为非关联参考方向，如图 2-11 所示。

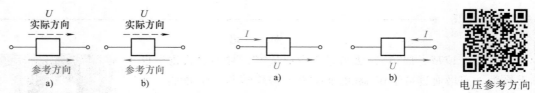

图 2-10　电压实际方向与参考方向间的关系　　图 2-11　关联参考方向与非关联参考方向
a) $U>0$ b) $U<0$ 　　　　a) 关联参考方向　b) 非关联参考方向

电压参考方向

【电压的单位】　电压的国际单位为伏［特］（V），常用的单位还有微伏（μV）、毫伏（mV）、千伏（kV）等，它们的换算关系为

$$1kV = 10^3 V；1V = 10^3 mV；1mV = 10^3 \mu V$$

伏　　特

伏特（1745—1827），意大利物理学家，1800 年发明了第一块电池。1810 年，拿破仑授予伏特伯爵称号，以表彰这位伟大的意大利发明家。1881 年，人们以他的姓氏作为电压的单位。

3. 电位

【电位的定义】　电位指电场力把单位正电荷从电场中的一点移到参考点所做的功。空间各点的高度都是相对于海平面或某个参考点的高度而言的，没有参考点空间各点的高度没有意义。同样，电路中的电位也具有相对性，电位的高低、正负都是相对于参考点而言的。只要电路参考点确定，电路中各点的电位数值也就唯一确定了。电路理论中规定：电位参考点的电位为零，其他各点的电位值均要和参考点相比，高于参考点的电位是正电位，低于参考点的电位是负电位。实际上，电路中某点电位的数值，等于该点到参考点之间的电压。

【电位的方向】　某点的电位方向为该点指向参考点的电压方向。为了区别于电压，电学中电位用 V 表示。电压和电位的关系为

$$U_{AB} = V_A - V_B$$

电位与电压的区别

【电位的单位】　与电压的单位相同，国际单位为伏［特］（V）。

 小提示

❖电压是绝对量，电路中任意两点间的电压大小，仅取决于这两点电位的差值，与参考点无关。电位是相对量，它的大小与参考点的选择有关。

4. 电动势

案例导入

图 2-12 中，如果水泵不工作，水槽 A 中的水全部流到水槽 B 后就没有了水流，若想使水流能持续不断地流动，就要借助水泵的抽力，将水槽 B（低水位）中的水抽到水槽 A（高水位）中，形成循环流通的水路。同样的道理，对于带电体 A 和 B，用导线将二者连接起来，如果正负电荷被中和掉，也就没有了电流。那么怎样使得电流能持续下去呢？为了保持持续的电流，就得仿照水泵，在电路中安装设备（电源），在电源内部利用非电场力将正电荷从电源负极移动到电源正极。

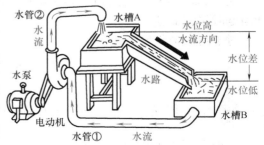

图 2-12　水泵使水流连续不断

【电动势的定义】　如图 2-13 所示，在电源内部，非电场力把单位正电荷从低电位点（电源负极）移到高电位点（电源正极）反抗电场力所做的功，称为电源的电动势，用公式表示为

$$E = \frac{W}{Q} \qquad (2-2)$$

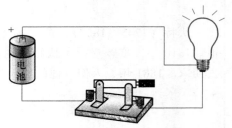

图 2-13　电动势使电流持续流动

式中　E——电源电动势，单位是伏［特］，符号为 V；

　　　W——电荷移动所做的功，单位为焦［耳］，符号为 J；

　　　Q——电荷量，单位为库［仑］，符号为 C。

【电动势的方向】　电动势的实际方向习惯规定为从电源的负极指向正极，或者从低电位点指向高电位点。在电路中，用"+""−"符号在电源两端标出。

【电动势的单位】　与电压、电位相同，其国际单位也是伏［特］（V）。

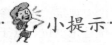 小提示

电动势和电压的区别

❖ 电动势存在于电源内部，是衡量电源非电场力做功本领的物理量；电压存在于电源的内、外部，是衡量电场力做功本领的物理量。电动势的方向从电源的负极指向电源的正极，即电位升高的方向；电压的方向是从电源的正极指向电源的负极，即电位降低的方向。

2.2.2　电功和电功率

1. 电功

电流流过会使荧光灯发光、电炉发热、电动机转动，说明电流具有做功的本领。电流做的功称为电功，用 W 表示。电流做功的过程就是将电能转换成其他形式的能的过程，其做功的大小为

$$W = UIt \qquad (2-3)$$

式中　U——电压，单位是伏［特］，符号为 V；

　　　I——电流，单位是安［培］，符号为 A；

　　　t——时间，单位是秒，符号为 s；

　　　W——电功（或电能），单位是焦［耳］，符号为 J。

式（2-3）表明：电流在一段电路上所做的功，与这段电路两端的电压、电路中的电流和通电时间成正比。

对于纯电阻电路，有

$$W = \frac{U^2}{R}t = I^2Rt \qquad (2-4)$$

 小提示

❖ 工程实际中，还常常用千瓦时（kW·h）来表示电功（或电能）的单位，1kW·h 俗称为 1 度电。

2. 电功率

电流在单位时间内所做的功称为电功率。电功率用 P 表示，即

$$P = \frac{W}{t} = UI = I^2R = \frac{U^2}{R} \qquad (2\text{-}5)$$

式中 W——电功（或电能），单位是焦［耳］，符号为 J；

     t——时间，单位是秒，符号为 s；

    P——电功率，单位是瓦［特］，符号为 W。

用电器铭牌上的电功率是它的额定功率，是对用电设备能量转换本领的度量，例如标有"220V，100W"的白炽灯两端加 220V 电压时，可在 1s 内将 100J 的电能转换成光能和热能。

电功率也是一个有正、负之分的量。在电压、电流取关联参考方向，且电路元件上电功率为正值时，说明这个元件在电路中消耗电能或吸收电能，是负载；当这个电路元件上消耗的电功率为负值时，说明它在向电路提供电能或发出电能，是电源。

例 2-1 有一栋五层的教学楼，每层有 12 个教室，每个教室有 8 只 40W 的荧光灯，若每天节约用电 1h，问一个月（按 30 天计算）可节约多少 kW·h（度）？若电费为 0.52 元/（kW·h），一个月可节约多少电费？

解： 教学楼荧光灯总功率：$P = (5 \times 12 \times 8) \times 40W = 19200W = 19.2kW$

一个月节约用电的总小时数：$t = 30 \times 1h = 30h$

一个月节约用电数：$W = Pt = 19.2 \times 30kW \cdot h = 576kW \cdot h$

一个月节约电费：0.52 元/（kW·h）$\times 576kW \cdot h = 299.52$ 元

3. 电流的热效应

导体中有电流通过时就会发热的现象称为电流的热效应。

电流产生的热量与导体的电阻、通过的电流和通电时间有关。英国物理学家焦耳做了大量的实验，于 1840 年最先确定了电流产生的热量跟电流、电阻和通电时间的定量关系：电流通过导体产生的热量跟电流的二次方成正比，跟导体的电阻成正比，跟通电的时间成正比。这个规律称为焦耳定律，即

$$Q = I^2Rt \qquad (2\text{-}6)$$

电熨斗、电暖器、电饭锅、电烤箱、电热水器、电烙铁等都是利用电流的热效应工作，给人们的生产和生活提供了极大的便利。但电流的热效应也有其不利的一面，如电视机、电动机工作时产生热量，既浪费了电能，又可能在散热性能较差时烧毁机器。

  科学常识

瓦　特

瓦特（1736—1819），英国著名的发明家，工业革命时期的重要人物。他对当时已出现的蒸汽机原始雏形做了重大改进，发明了单缸单动式和单缸双动式蒸汽机，提高了蒸汽机的热效率和运行可靠性，对当时社会生产力的发展做出了杰出贡献，为机械动力在未来创造奇迹打下了坚实的基础。为了纪念瓦特在电学中的突出贡献，人们用瓦特作为功率的单位。

巩固与提高

1. 填空题

（1）200mA = _____ A；150μA = _____ mA。

（2）10kV = _____ V；3.6V = _____ mV。

（3）电流在 _____ 内所做的功称为电功率。

（4）电动势的方向从 _____ 极指向 _____ 极，即电位 _____ 的方向。

2. 单选题

（1）一般规定（　　）的运动方向为电流的正方向。

A. 正电荷　　　　B. 负电荷　　　　C. 自由电子　　　　D. 正电荷或负电荷

（2）电压的方向规定由（　　）。

A. 低电位点指向高电位点　　　　　B. 高电位点指向低电位点

C. 低电位指向参考点　　　　　　　D. 高电位指向参考点

（3）随参考点的改变而改变的物理量是（　　）。

A. 电位　　　　B. 电压　　　　C. 机械能　　　　D. 电流

（4）电压的单位是（　　）。

A. A　　　　　　　　　　　　　B. V

C. Ω　　　　　　　　　　　　　D. W

3. 判断题

（1）大小和方向均不随时间变化的电流称为直流电流。　　　　　　　　　　（　　）

（2）电流的国际单位是伏特。　　　　　　　　　　　　　　　　　　　　（　　）

（3）电压和电位都以伏特为单位。　　　　　　　　　　　　　　　　　　（　　）

（4）电流大小的定义为单位时间内通过导体横截面的电荷量。　　　　　　（　　）

（5）电路中某点的电位与参考点的选择有关。　　　　　　　　　　　　　（　　）

（6）用电设备的功率越大，单位时间消耗的电能越多。　　　　　　　　　（　　）

4. 计算题

（1）已知 $V_a = 5V$，$V_b = 10V$，求 $U_{ab} = ?$　$U_{ba} = ?$

（2）某教学楼三层有20个教室，每个教室有6只40W的荧光灯，试计算1h消耗多少度电？

（3）"220V，40W"的白炽灯，求正常工作时电路中流过的电流。

2.3　电阻及电阻器

　　根据导电性能的不同，物质分为导体、绝缘体和半导体。容易导电的物体称为导体，如银、铜、铝等金属材料。不导电的物体称为绝缘体，如玻璃、陶瓷、橡胶、干木头等。导电能力介于导体和绝缘体之间的物体称为半导体，如硅和锗等。

2.3.1　电阻与电阻定律

　　【电阻及其单位】　导体对电流的阻碍作用称为电阻，用字母 R 或 r 表示。

　　一个导体两端加1V的电压时，若通过它的电流恰好为1A，则此导体的电阻就是1Ω（欧姆）。电阻单位除了国际单位欧［姆］（Ω）之外，还有千欧（kΩ）、兆欧（MΩ），它

们之间的关系为

$$1M\Omega = 10^3 k\Omega；1k\Omega = 10^3 \Omega$$

【电阻定律】　经实验证明，当温度一定时，导体电阻只与材料及导体的几何尺寸有关。一定材料制成的导体，它的电阻和它的长度成正比，和它的横截面积成反比，这个结论称为电阻定律，用公式表示为

$$R = \rho \frac{L}{S} \tag{2-7}$$

式中　ρ——导体的电阻率，单位为欧·米，符号为 $\Omega \cdot m$；

　　　L——导体的长度，单位为米，符号为 m；

　　　S——导体的横截面积，单位为平方米，符号为 m^2；

　　　R——导体的电阻，单位为欧 [姆]，符号为 Ω。

电阻率 ρ 是反映材料导电性能的系数，几种常见材料的电阻率（20℃）见表 2-2。由于铜、铝等金属材料的电阻率小，常用来制造导线和电气设备的线圈。

表 2-2　几种常见材料的电阻率（20℃）

材 料 名 称	电阻率 $\rho/(\Omega \cdot m)$	材 料 名 称	电阻率 $\rho/(\Omega \cdot m)$
银	1.65×10^{-8}	钨	5.3×10^{-8}
铜	1.75×10^{-8}	锰铜	4.4×10^{-7}
铝	2.83×10^{-8}	康铜	5.0×10^{-7}
低碳钢	1.30×10^{-7}	镍铬铁	1.0×10^{-6}
铂	1.06×10^{-7}	碳	1.0×10^{-6}

例 2-2　某建筑工地需要照明，距离配电室 300m，现在有截面积 $1.5mm^2$ 的铜导线，问这段导线的电阻是多少？

解：已知 $L = 300m$，$S = 1.5mm^2$，查表 2-2 可知铜的电阻率 $\rho = 1.75 \times 10^{-8} \Omega \cdot m$，由电阻定律可求得

$$R = \rho \frac{L}{S} = 1.75 \times 10^{-8} \times \frac{300}{1.5 \times 10^{-6}} \Omega = 3.5\Omega$$

例 2-3　若将一段阻值为 R 的均匀导线对折后并联起来，其电阻值将变为（　　　）。

A. $\frac{1}{2}R$　　　　B. $\frac{1}{4}R$　　　　C. $2R$　　　　D. $4R$

解：设导线长为 L，横截面积为 S，则它的体积 $V = SL$。由电阻定律可知，导线电阻为 $R = \rho \frac{L}{S}$。均匀拉长并对折后，体积不变，长度 $L' = \frac{1}{2}L$，$S' = 2S$，则

$$R' = \rho \frac{L'}{S'} = \rho \frac{\frac{1}{2}L}{2S} = \frac{1}{4}\rho \frac{L}{S} = \frac{1}{4}R$$

所以，正确答案为 B。

导体的电阻不仅和材料性质、尺寸有关，还和温度有关。大多数金属（如铜、铝等）随着温度的升高，电阻增大，有些材料的电阻随着温度的升高而减小，也有一些合金（如

29

锰镍铜合金、康铜合金）的电阻基本不受温度的影响。

对于有些金属、合金和化合物，当温度降到某一临界温度 T 时，电阻会突然减小到无法测量的现象，称为超导现象。

 知识拓展

超　导　体

1911 年，荷兰的海克·卡茂林·昂尼斯（Heike Kamerlingh Onnes）意外地发现，将汞冷却到 -268.98℃ 时，汞的电阻突然消失了，后来他又发现许多金属和合金都具有与汞相类似的特性，即在低温下失去电阻（电阻为零）。人们将这种现象称为超导现象，此温度称为临界温度。卡茂林因为这一发现获得了 1913 年诺贝尔奖。人们把处于超导状态的导体称为"超导体"。导体没有了电阻，电流流经超导体时就不发生热损耗，电流可以毫无阻力地在导体中流动，从而产生超强磁场。

在电力领域，超导发电机的单机发电容量比常规发电机提高 5~10 倍，达 1 万 MW，而体积却减少 1/2，整机重量减轻 1/3，发电效率提高 50%。

超导材料还可以用于制作超导电线和超导变压器，从而把电力几乎无损耗地输送给用户。据统计，目前的铜或铝导线输电，约有 15% 的电能损耗在输电线路上，若改为超导输电，节省的电能相当于新建数十个大型发电厂。

科学常识

石墨烯与超导

石墨由多层碳原子层组成，每层中的碳原子以蜂窝状的多个六边形排列在一起，每层之间的距离大约 0.335nm。把石墨的多层结构剥离成一层一层的结构，得到的材料就是石墨烯。"天才少年"曹原研究发现当两层平行石墨烯堆成 1.1° 的微妙角度，就会产生超导现象。曹原团队在魔角扭曲的双层石墨烯中发现新的电子态，可以简单实现绝缘体到超导体的转变，打开了非常规超导体研究的大门。

2.3.2　电阻器

1. 电阻器的分类、外形与符号

利用导体对电流的阻碍作用可以做成电阻器。电阻器是组成电路的基本元件之一，广泛应用于各种电子产品和电力设备中，主要用来稳定和调节电路中的电流和电压，起限流、降压、分流、隔离和分压等作用。

【电阻器的分类与外形】　电阻器按结构不同分为固定电阻器和可调电阻器（包括电位器）；按材料不同可分为碳膜电阻器、金属膜电阻器、玻璃釉膜电阻器和线绕电阻器等。常用固定电阻器的外形如图 2-14 所示，常用可调电阻器的外形如图 2-15 所示。

【电阻器的符号】　电阻器符号如图 2-16 所示。

2. 电阻器的主要参数

电阻器的主要参数有标称阻值、允许偏差和额定功率等。

【标称阻值】　电阻器的标称阻值有多个系列，常用的有 E24、E12、E6 系列，其主要参数见表 2-3。

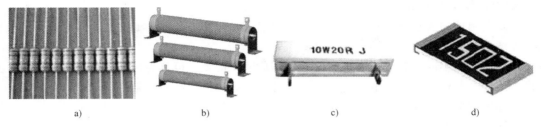

a)　　　　　　　b)　　　　　　　c)　　　　　　　d)

图 2-14　常用固定电阻器的外形

a）金属膜电阻器　b）线绕电阻器　c）水泥电阻器　d）贴片电阻器

图 2-15　常用可调电阻器的外形

常用电阻器外形

【允许偏差】　标称阻值与实际阻值的差值与标称阻值之比的百分数称作允许偏差，它表示电阻器的精度。常用的精度有±5%、±10%、±20%，精密电阻器的精度要求更高，如±2%、±1%、±0.5%、±0.25% 和±0.1%。

图 2-16　电阻器符号

a）固定电阻器　b）可调电阻器

【额定功率】　电阻器在交、直流电路中长期、连续工作时所允许消耗的最大功率，称为电阻器的额定功率。

表 2-3　电阻器的主要参数

标称值系列	允许偏差	标称阻值/Ω							
E24	Ⅰ级（±5%）	1.0	1.1	1.2	1.3	1.5	1.6	1.8	2.0
		2.2	2.4	2.7	3.0	3.3	3.6	3.9	4.3
		4.7	5.1	5.6	6.2	6.8	7.5	8.2	9.1
E12	Ⅱ级（±10%）	1.0	1.2	1.5	1.8	2.2	2.7	3.3	3.9
		4.7	5.6	6.8	8.2	—	—	—	—
E6	Ⅲ级（±20%）	1.0	1.5	2.2	3.3	4.7	6.8	—	—

有电流流过，电阻器就会发热，温度过高时可能烧毁。因而，在选择电阻时，不但要选择合适的电阻值，而且要正确选择电阻器的额定功率。一般来说，电阻器的功率越大，体积就越大。

电阻器的额定功率有 $\frac{1}{20}$ W、$\frac{1}{8}$ W、$\frac{1}{4}$ W、$\frac{1}{2}$ W、1W、2W、5W、10W 和 20W 等。

3. 电阻器阻值的表示方法

电阻器阻值的表示方法有两种：一是用数字直接标注，如图2-14c所示；二是色标法标注，如图2-14a所示。

色标法是用不同的颜色代表不同的电阻标称值和偏差，可分为色环法和色点法两种，其中最常用的是色环法。色环电阻器是目前最常见、应用最广泛的电阻器。

色环电阻器上不同颜色的色环代表的意义不同，相同颜色的色环排列在不同位置上的意义也不同，具体含义见表2-4。

表 2-4　色环的具体含义

颜色	有效数字	倍率	允许偏差	颜色	有效数字	倍率	允许偏差
棕	1	10^1	±1%	灰	8	10^8	
红	2	10^2	±2%	白	9	10^9	
橙	3	10^3		黑	0	10^0	
黄	4	10^4		金	—	10^{-1}	±5%
绿	5	10^5	±0.5%	银	—	10^{-2}	±10%
蓝	6	10^6	±0.25%	无色	—	—	±20%
紫	7	10^7	±0.1%				

小提示

❖ 数字1~9和0分别对应的颜色为：棕红橙黄绿、蓝紫灰白黑。

色环电阻器中，根据色环的环数多少，又分为四环电阻器和五环电阻器。

【四环电阻器】　四环电阻器用四条色环表示电阻器的标称阻值和允许偏差，其中前两环表示此电阻器的有效数字，最后一环表示它的允许偏差，倒数第二环是倍乘数，表示有效数字后"0"的个数。四环电阻器如图2-17所示。

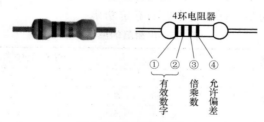

图 2-17　四环电阻器

例2-4　某电阻器色环颜色依次棕、红、黑、金，则此电阻器标称阻值是多少？

解：前两条色环为棕、红，表示电阻阻值有效数字为12；倒数第二条为黑，对应倍率为10^0，该电阻器的标称阻值为$12 \times 10^0 \Omega = 12\Omega$，允许偏差为±5%。

例2-5　某电阻器的色环颜色依次为：蓝、灰、金、无色（即只有三条色环），电阻器标称阻值是多少？

解：该电阻器有效数字为68（蓝—6，灰—8）；倍率为10^{-1}（金），所以该电阻器的标称阻值为$68 \times 10^{-1} \Omega = 6.8\Omega$，无色表示允许偏差为±20%。

【五环电阻器】　精密电阻器用五色环表示标称阻值和允许偏差，其中前三环表示此电阻的有效数字，最后一环表示它的允许偏差，倒数第二环是倍乘数，表示有效数字后0的个数，如图2-18所示。

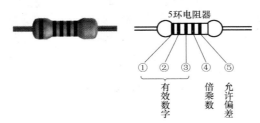

图2-18　五环电阻器

例2-6　某电阻器的色环颜色依次绿、棕、黑、棕、棕，则此电阻器标称阻值是多少？

解：该电阻器有效数字为510，倍率为10^1，所以该电阻器的标称阻值为$510 \times 10^1 \Omega = 5100\Omega = 5.1k\Omega$，允许偏差为$\pm 1\%$。

知识拓展

电阻器型号及敏感电阻器

1. 电阻器的型号、组成部分的代号及意义

电阻器在电工、电子技术领域应用非常广泛，其型号、组成部分的代号及意义见表2-5。

表2-5　电阻器的型号、组成部分的代号及意义

第一部分:主体	第二部分:材料	第三部分:特征分类	第四部分:序号
R:电阻器	T:碳膜 H:合成膜 S:有机实心 N:无机实心 J:金属膜 Y:氧化膜 I:玻璃釉膜 X:线绕	1:普通 2:普通 3:超高频 4:高阻 5:高温 6:— 7:精密 8:高压 9:特殊 G:功率型	对阻值、材料、特征相同，仅尺寸、性能指标略有差别，但基本上不影响互换的产品给同一序号，若尺寸、性能指标的差别已明显影响互换，则在序号后面用大写字母予以区别

2. 敏感电阻器

敏感电阻器是指对温度、电压、湿度、光照、气体、磁场、压力等物理量敏感的电阻器。敏感电阻器的电气符号是在普通电阻的符号中加一斜线，并在旁标注敏感电阻的类型，如t、U等。常见的敏感电阻器如下。

【热敏电阻器】　热敏电阻器按阻值温度系数可分为负温度系数热敏电阻器（NTC）和正温度系数热敏电阻器（PTC），其外形如图2-19所示。

热敏电阻器的主要特点是对温度灵敏度高、热惰性小、使用寿命长、体积小、结构简

33

图 2-19　热敏电阻器

单，可制成各种不同的外形结构，广泛应用在温度测量、温度控制、温度补偿、液面测定、气压测定、火灾报警等场所。

【压敏电阻器】　主要有碳化硅压敏电阻器和氧化锌压敏电阻器，其中氧化锌压敏电阻器具有更优良的特性。常用压敏电阻器如图 2-20 所示。

图 2-20　常用压敏电阻器

【湿敏电阻器】　湿敏电阻器由感湿层、电极、绝缘体组成，如图 2-21 所示，主要包括氯化锂湿敏电阻器、碳湿敏电阻器和氧化物湿敏电阻器。

氧化物湿敏电阻器性能较优越，可长期使用，受温度影响小，阻值与湿度变化呈线性关系，常用氧化锡、镍铁酸盐等材料制成。

【光敏电阻器】　光敏电阻器是利用光电导效应工作的电子元件。当某种物质受到光照时，载流子的浓度增加，从而电导率增加，这就是光电导效应。常用光敏电阻器如图 2-22 所示。

图 2-21　常用湿敏电阻器　　　　　图 2-22　常用光敏电阻器

【气敏电阻器】　气敏电阻器是利用某些半导体吸收某种气体后发生氧化还原反应的原理制成的，主要有金属氧化物气敏电阻器、复合氧化物气敏电阻器、陶瓷气敏电阻器等。常用气敏电阻器如图 2-23 所示。

图 2-23　常用气敏电阻器

巩固与提高

1. 填空题

（1）根据导电性能的不同，物质分为_____、_____和_____。

（2）一段电阻为 4Ω 的均匀导线，如果将它对折后接入电路，其电阻是_____Ω。

（3）导体材料及长度一定，导体横截面积越小，导体的电阻值_____。

2. 单选题

（1）电阻器反映导体对电流起阻碍作用的大小，简称电阻，用字母（　　）表示。

A. R　　　　B. ρ　　　　C. Ω　　　　D. A

（2）电阻器反映导体对（　　）起阻碍作用的大小，简称电阻。

A. 电压　　　B. 电动势　　　C. 电流　　　D. 电阻率

（3）有一段电阻是 16Ω 的导线，把它对折起来作为一条导线使用，电阻是（　　）。

A. 8Ω　　　B. 16Ω　　　C. 32Ω　　　D. 4Ω

3. 判断题

（1）电阻反映导体对电流起阻碍作用的大小。　　　　　　　　　　　　（　　）

（2）导体材料和截面积一定，导体的电阻与长度成正比。　　　　　　　（　　）

（3）一般情况下，电阻器的功率越大，体积越大。　　　　　　　　　　（　　）

（4）某电阻器的色环颜色依次为绿、棕、黑、棕、棕，则此电阻器的阻值为 51kΩ。

（　　）

2.4　欧姆定律及其应用

2.4.1　欧姆定律

德国物理学家乔治·西蒙·欧姆于 1826 年在《金属导电定律的测定》论文中，发表了有关电路的法则，这就是著名的欧姆定律。

1. 部分电路欧姆定律

欧姆定律的内容是：在电路中，流过电阻的电流与电阻两端的电压成正比，和电阻的阻值成反比，即

$$I = \frac{U}{R} \tag{2-8}$$

式中　U——电压，单位是伏［特］，符号为 V；

R——电路中的负载电阻，单位是欧［姆］，符号为 Ω；

I——电流，单位是安［培］，符号为 A。

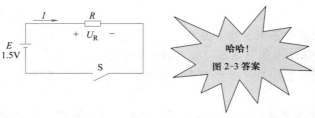 小提示

❖ 式（2-8）仅适用于线性电路，它反映了在不含电源的一段电路中，电流与这段电路两端的电压及电阻的关系。

例 2-7　图 2-24 所示电路中，已知电源电动势 E 为 1.5V，电阻 R 为 100Ω，合上开关 S，求电路中的电流 I。

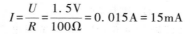

哈哈！
图 2-3 答案

图 2-24　例 2-7 图

欧姆定律仿真

解：根据欧姆定律

$$I = \frac{U}{R} = \frac{1.5\text{V}}{100\Omega} = 0.015\text{A} = 15\text{mA}$$

2. 全电路欧姆定律

由电源和负载组成的闭合电路称为全电路，如图 2-25 所示。图中 E 为电源电动势，r 为电源的内阻。全电路欧姆定律的内容是：闭合电路中的电流与电源电动势成正比，与电路的总电阻成反比，即

$$I = \frac{E}{R+r} \qquad\qquad (2\text{-}9)$$

式中　E——电源电动势，单位是伏［特］，符号为 V；

　　　　R——负载电阻，单位是欧［姆］，符号为 Ω；

　　　　r——电源的内阻，单位是欧［姆］，符号为 Ω；

　　　　I——全电路的电流，单位是安［培］，符号为 A。

外电路电压 $U_{外}$ 又称端电压，$U_{外} = E - Ir$。当负载电阻 R 两端断路时，$I = 0$，端电压 $U_{外} = E$；当负载电阻 R 变小时，电路中的电流 I 将增加，端电压 $U_{外}$ 将减小。

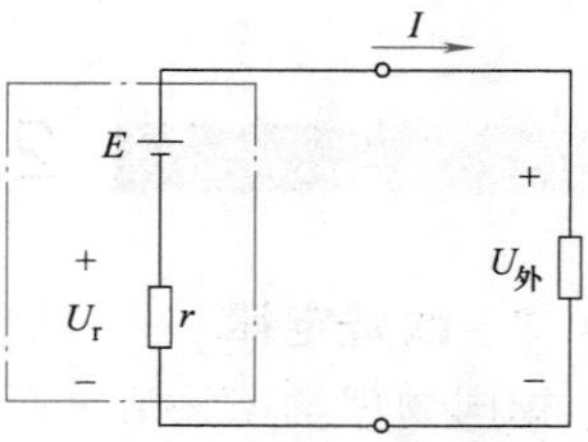

图 2-25　闭合电路

例 2-8　有一闭合电路如图 2-25 所示，电源电动势 $E = 12$V，其内阻 $r = 2\Omega$，负载电阻 $R = 10\Omega$，求电路中的电流 I、负载电阻 R 两端的电压 $U_{外}$、电源内阻 r 上的电压 U_r。

解：根据全电路欧姆定律

$$I = \frac{E}{R+r} = \frac{12\text{V}}{(10+2)\Omega} = 1\text{A}$$

由部分电路欧姆定律，可求负载两端电压

$$U_{外} = IR = 1\,\text{A} \times 10\,\Omega = 10\,\text{V}$$

电源内阻上的电压为

$$U_r = -Ir = -1\,\text{A} \times 2\,\Omega = -2\,\text{V}$$

科学常识

欧　姆

　　乔治·西蒙·欧姆（1787—1854），德国数学与物理学家，出生于巴伐利亚埃尔兰根城。1826 年欧姆在《金属导电定律的测定》论文中发表了有关电路的法则，这就是著名的欧姆定律。欧姆证明了：电阻与导体的长度成正比，与导体的横截面积和传导性成反比；在稳定电流的情况下，电荷不仅在导体的表面上，而且在导体的整个截面上运动。

　　人们为了纪念他，决定用他的姓氏作为电阻的单位。

知识拓展

线性电阻、非线性电阻

　　电阻值不随电压、电流变化而变化的电阻称为线性电阻，由线性电阻和线性电源组成的电路称为线性电路；电阻值随电压、电流的变化而变化的电阻称为非线性电阻（如白炽灯、发光二极管等），含有非线性电阻的电路称为非线性电路。非线性电阻在某些条件下，阻值会发生急剧的变化，例如电视机的消磁电阻，在电视机正常工作时，它的阻值是无穷大的，然而在电视机刚刚接通电源的一刹那，电视机的消磁电阻是很小的，这样电流就可通过消磁线圈对显像管消磁，消磁完毕，消磁电阻又变得很大，保证了用电的安全可靠。

2.4.2　电阻串、并联电路

1. 电阻串联电路

　　把两个或多个电阻依次连接起来，组成中间无分支的电路，称为电阻串联电路。图 2-26 所示为三个电阻组成的串联电路。

　　【串联电路特点】　串联电路（以三个电阻串联为例）的特点如下：

　　1）串联电路中电流处处相等，即

$$I = I_1 = I_2 = I_3$$

　　2）串联电路中的总电压等于串联电阻两端的分电压之和，即

图 2-26　三个电阻组成的串联电路

$$U = U_1 + U_2 + U_3$$

　　3）串联电路的等效电阻等于各串联电阻之和，即

$$R = R_1 + R_2 + R_3$$

4）在串联电路中，各电阻上分配的电压与电阻值成正比，即

$$I = \frac{U}{R} = \frac{U_1}{R_1} = \frac{U_2}{R_2} = \frac{U_3}{R_3}$$

5）各电阻上所消耗的功率与电阻值成正比，即

$$I^2 = \frac{P}{R} = \frac{P_1}{R_1} = \frac{P_2}{R_2} = \frac{P_3}{R_3}$$

两个电阻串联电路的分压公式

$$U_1 = \frac{R_1}{R_1 + R_2}U, \quad U_2 = \frac{R_2}{R_1 + R_2}U \tag{2-10}$$

 小提示

❖ 串联电路的实质是限流分压。

❖ 各电阻上分配的电压与电阻值成正比。

❖ 各电阻上所消耗的功率与电阻值成正比。

当 n 个电阻串联时，则

$$I = I_1 = I_2 = I_3 = \cdots = I_n$$
$$U = U_1 + U_2 + U_3 + \cdots + U_n$$
$$R = R_1 + R_2 + R_3 + \cdots + R_n$$
$$I = \frac{U}{R} = \frac{U_1}{R_1} = \frac{U_2}{R_2} = \frac{U_3}{R_3} = \cdots = \frac{U_n}{R_n}$$

【串联电路应用】 串联电路的应用极为广泛，如：

1）用几个电阻串联来得到阻值较大的电阻。

2）用串联电阻组成分压器，使用同一个电源可以得到几种不同的电压。

3）采用电阻与负载串联的方法，使流过负载的电流减小，以满足负载的正常使用要求。

4）用串联电阻的方法来扩大电压表的量程。

例 2-9 在图 2-26 所示电路中，已知：$R_1 = 10\Omega$，$R_2 = 20\Omega$，$R_3 = 30\Omega$，求总电阻 R。

解：$R = R_1 + R_2 + R_3 = 10\Omega + 20\Omega + 30\Omega = 60\Omega$

例 2-10 在图 2-27 所示电路中，$R_1 = 100\Omega$，$R_2 = 200\Omega$，输入电压 $U_i = 15V$，当抽头在 R_2 上滑动时，试求输出电压 U_o 的变化范围。

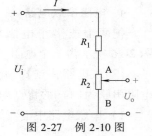

图 2-27 例 2-10 图

解：$I = \frac{U_i}{R_1 + R_2} = \frac{15V}{100\Omega + 200\Omega} = 0.05A$

当抽头在 A 处时，

$$U_{o1} = IR_2 = 0.05A \times 200\Omega = 10V$$

当抽头在 B 处时，

$$U_{o2} = 0.05A \times 0\Omega = 0V$$

所以，输出电压 U_o 变化范围是 $0 \sim 10V$。

2. 电阻并联电路

把两个或两个以上电阻接到电路中的两点之间，各电阻两端承受同一个电压的电路称为电阻并联电路。图 2-28 所示为三个电阻并联电路。

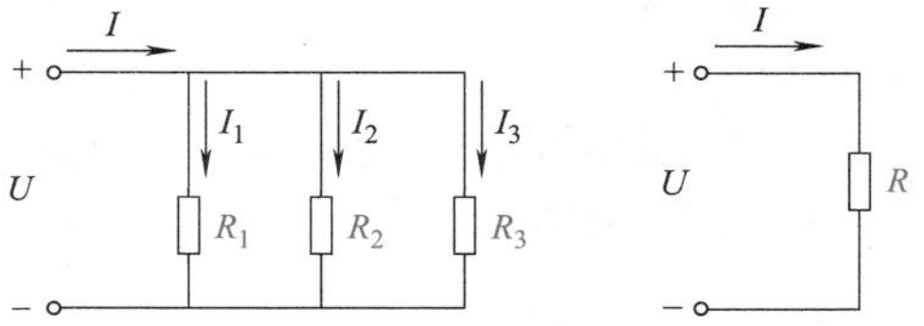

【并联电路特点】　并联电路（以三个电阻并联为例）的特点如下：

1）并联电路中各电阻两端的电压都相等，且等于电路的电压，即

$$U = U_1 = U_2 = U_3$$

2）并联电路中的总电流等于各支路电流之和，即

$$I = I_1 + I_2 + I_3$$

两个电阻并联电路的分流公式

$$I_1 = \frac{R_2}{R_1 + R_2} I \ , \ I_2 = \frac{R_1}{R_1 + R_2} I \qquad (2\text{-}11)$$

3）并联电路的等效电阻的倒数等于各并联电阻的倒数之和，即

$$\frac{1}{R} = \frac{1}{R_1} + \frac{1}{R_2} + \frac{1}{R_3}$$

若两个电阻并联，则等效电阻 $\qquad R = \dfrac{R_1 R_2}{R_1 + R_2}$

4）在并联电路中，各支路分配的电流与支路的电阻值成反比，即

$$U = I_1 R_1 = I_2 R_2 = I_3 R_3$$

5）各支路电阻消耗的功率与电阻值成反比，即

$$U^2 = R_1 P_1 = R_2 P_2 = R_3 P_3$$

 小提示

❖ 并联电路的实质是分流。两个电阻 R_1、R_2 并联，可简记为 $R_1 /\!/ R_2$。

❖ 各支路电流与电阻值成反比。

❖ 各支路电阻所消耗的功率与电阻值成反比。

当 n 个电阻并联时，则

$$U = U_1 = U_2 = U_3 = \cdots = U_n$$
$$I = I_1 + I_2 + I_3 + \cdots + I_n$$
$$\frac{1}{R} = \frac{1}{R_1} + \frac{1}{R_2} + \frac{1}{R_3} + \cdots + \frac{1}{R_n}$$

n 个相同阻值的电阻并联（若阻值都是 R_1），则等效电阻 $R = \dfrac{R_1}{n}$。

图 2-28　三个电阻并联电路

可以发现：并联电路的等效电阻小于几个支路中最小的电阻。

【并联电路应用】 并联电路的应用也很广泛。如：

1）用电阻并联的方法获得较小的电阻值。

2）有些场合为了减小流过某元器件的电流，在该元器件的两端并联一个数值适当的电阻进行分流。

3）用并联电阻的方法可以扩大电流表的量程。

例2-11 如图2-28所示，已知：$R_1 = 10\Omega$，$R_2 = 20\Omega$，$R_3 = 30\Omega$，求等效电阻 R。

解：$\dfrac{1}{R} = \dfrac{1}{R_1} + \dfrac{1}{R_2} + \dfrac{1}{R_3} = \dfrac{1}{10\Omega} + \dfrac{1}{20\Omega} + \dfrac{1}{30\Omega} = \dfrac{6}{60\Omega} + \dfrac{3}{60\Omega} + \dfrac{2}{60\Omega} = \dfrac{11}{60\Omega} = \dfrac{11}{60}\text{S}$

$$R = \dfrac{60}{11}\Omega = 5.45\Omega$$

注：S（西门子）是电阻的倒数——电导 G 的国际单位，$G = \dfrac{1}{R}$。

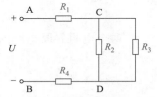

图2-29 混联电路

3. 电阻混联电路

既有电阻串联又有电阻并联的电路称为电阻混联电路。图2-29所示的电路就是电阻混联电路。

分析混联电路的关键是将不规范的混联电路简化成简单的并联或串联电路。方法如下：

> 1）确定等电位点，标出相应的符号。导线、开关和理想电流表的电阻可忽略不计，可以认为其两端是等电位点。
>
> 2）把标注的各字母按水平方向依次排开，待求两端的字母排在左右两端。
>
> 3）将各电阻依次接入与原电路图对应的两字母之间，画出等效电路图。
>
> 4）画出串并联关系清晰的等效电路图。根据等效电路中电阻之间的串、并联关系求出等效电阻。

例2-12 图2-29所示电路中，已知：$R_1 = 10\Omega$，$R_2 = 20\Omega$，$R_3 = 30\Omega$，$R_4 = 30\Omega$，求等效电阻 R。

解：图2-29的电阻串并联关系较明显，R_2、R_3 先并联再与 R_1、R_4 串联，因此

$$R = R_1 + R_2 /\!/ R_3 + R_4 = R_1 + \dfrac{R_2 \times R_3}{R_2 + R_3} + R_4 = 10\Omega + 30\Omega + \dfrac{20 \times 30}{20 + 30}\Omega = 52\Omega$$

例2-13 图2-30a所示电路中，已知：$R_1 = R_2 = R_3 = 12\Omega$，求等效电阻 R_{AB}。

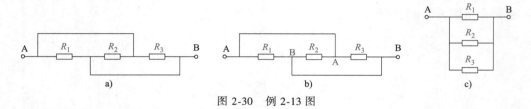

图2-30 例2-13图

解：先在电路中标注出等电位点，如图2-30b所示，再将所有 A、B 两个端点之间的电

阻画到图上，形成简化的电路如图 2-30c 所示。可以看到等效电阻为三个电阻并联，且三个并联电阻相等，则等效电阻为

$$R = \frac{R_1}{3} = \frac{12\Omega}{3} = 4\Omega$$

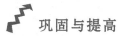

巩固与提高

1. 填空题

（1）如图 2-31 所示，$U_{AB} = \underline{\hspace{3cm}}$，$U_{BA} = \underline{\hspace{3cm}}$。

（2）如图 2-32 所示，$U_2 = \underline{\hspace{3cm}}$。

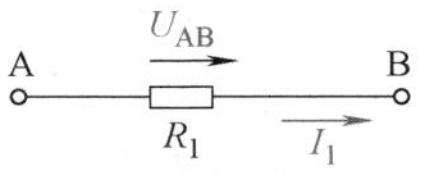

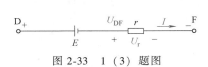

图 2-31　1（1）题图

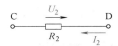

图 2-32　1（2）题图

（3）如图 2-33 所示，$U_r = \underline{\hspace{3cm}}$，$U_{DF} = \underline{\hspace{3cm}}$。

（4）如图 2-34 所示，$E = 1.5V$，$R_1 = 3\Omega$，$R_2 = 2\Omega$，$I = \underline{\hspace{3cm}}$。

图 2-33　1（3）题图

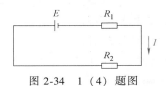

图 2-34　1（4）题图

（5）电阻在电路中的连接方式有 $\underline{\hspace{2cm}}$、$\underline{\hspace{2cm}}$ 和混联。

（6）串联电路中的 $\underline{\hspace{2cm}}$ 处处相等，总电压等于各电阻上 $\underline{\hspace{2cm}}$ 之和。

2. 单选题

（1）（　　）反映了在不含电源的一段电路中，电流与这段电路两端的电压及电阻的关系。

A. 电阻定律　　　　　　B. 楞次定律　　　C. 部分电路欧姆定律　　　D. 全电路欧姆定律

（2）部分电路欧姆定律的数学表达式是（　　　　）。

A. $I = UR$　　　　　　B. $I = R/U$　　　　C. $I = U/R$　　　　　　　D. $I = E/(R + R_0)$

（3）在一电压恒定的电路中，电阻值增大时，电流就随之（　　　　）。

A. 减小　　　　　　　B. 增大　　　　　C. 不变　　　　　　　　D. 无法判断

（4）电路中串联电阻可以起到（　　　）作用。

A. 限流　　　　　　　B. 分压　　　　　C. 限流和分压　　　　　D. 增加电流

（5）电路中并联电阻可以起到（　　　）作用。

A. 分压　　　　　　　B. 分流　　　　　C. 分流和分压　　　　　D. 限流

（6）两个电阻串联接入电路时，当两个电阻阻值不相等时，（　　　　）。

A. 电阻大的电流小　　B. 电流相等　　C. 电阻小的电流小　　　　D. 电流大小与阻值无关

（7）一个"220V，100W"的灯泡，其额定电流为（　　　　）。

A. 0.45A B. 2.2A C. 0.5A D. 100 A

（8）用 10 个 100Ω 的电阻并联后，其等效电阻为（　　）。

A. 1Ω B. 10Ω C. 100Ω D. 1000Ω

3. 判断题

（1）部分电路欧姆定律反映了在一段含源电路中，电流与这段电路两端的电压及电阻的关系。（　　）

（2）串联电阻具有分压作用。（　　）

（3）家用电器都是并联使用的。（　　）

（4）并联电路中的电流处处相等。（　　）

（5）两个或两个以上的电阻首尾依次相连，中间无分支的连接方式叫电阻的串联。

（　　）

实训2 简易发光电路的安装与检测

实训目标

1）会识读简单的电路图，了解电路的组成；

2）能识别电阻器、发光二极管，会用万用表电阻档检测电阻器、发光二极管；

3）会使用面包板安装简单电路；

4）会测量直流电压和直流电流。

实训器材

指针式万用表一块、直流电流表一块、直流电压表一块、电工工具一套，其余元器件见表 2-6。

表 2-6 简易发光电路元器件清单

序　号	名　　称	型号规格	功　　能
1	面包板	SYB-120	插接元器件
2	发光二极管	红色 φ10mm	发光
3	电阻器	100Ω	限流
4	电池	1.5V×2	电源
5	按钮式开关	带自锁	控制电路通断
6	导线		连接电路

实训内容

本实训分为简易发光电路的安装及简易发光电路电压、电流的测量两个任务来实现。

任务一 简易发光电路的安装

1. 识读电路图

简易发光电路要实现以下控制功能：开关闭合，发光二极管亮；开关断开，发光二极管灭。原理图如图 2-35 所示。

该电路由 3V 直流电源 E、限流电阻 R、发光二极管 VL 和按钮式开关 S 组成。接通电源后，发光二极管就能正常发光。

图 2-35 简易发光电路

2. 元器件的识别

（1）面包板 这种板子上面有很多小插孔，很像面包中的小孔，因此称为面包板，又称万用电路板。元器件插入孔中时与孔下金属条接触，从而达到导电的目的。一般每 5 个孔用一条金属条连接。板子中央有一条凹槽，以便安装集成芯片。板子最外侧有两排竖着的插孔，也是 5 个一组。这两排插孔用来给板子上的元器件提供电源。面包板的外形如图 2-36 所示。使用面包板搭建电路不需要焊接，只需将元器件插入孔中即可，且元器件装卸方便，可以反复使用。

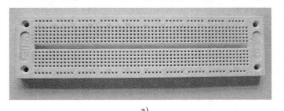

a)   b)

图 2-36 面包板外形

a）面包板正面 b）面包板反面

（2）开关 开关的电气符号为 S，在电路中起控制电路通断的作用。开关种类很多，图 2-37 所示为常见开关的外形。

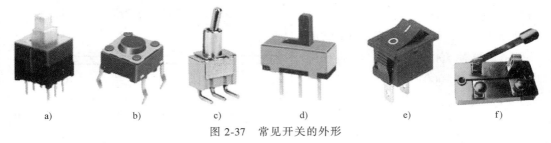

a)   b)   c)   d)   e)   f)

图 2-37 常见开关的外形

a）按钮式开关 b）轻触开关 c）钮子开关 d）拨动开关 e）船形开关 f）刀开关

这里用的开关为按钮式开关，可用万用表通断档区分其常开触头和常闭触头。具体步骤如下：

【正确插入表笔】 万用表的红色表笔接红色接线柱或插入标有"+"号的插孔内，黑色表笔接黑色接线柱或插入标有"−"号（或"∗""COM"）的插孔内。

【选择正确的档位】 将万用表的转换开关拨在带声音图标的档位（即通断档），如图 2-38a 所示。

【检测触头】 如图 2-38b 所示，用万用表的两表笔轻触开关任意两个引脚，若在按钮按下或不按时，万用表都不响，则表明这两个引脚不属于同一对触头，更换其中一个引脚再测。若在按钮按下时万用表响，不按时不响，则表明与这两个引脚相连的为常开触头；若在按钮按下时万用表不响，不按时响，则表明与这两个引脚相连的为常闭触头。

【归档】 测量完毕将万用表拨在交流电压空档或最高档。

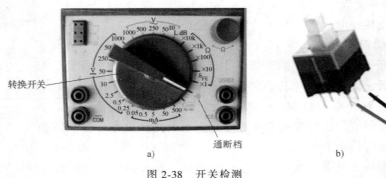

a)

图 2-38　开关检测

a）选择档位　b）检测触头

想一想为什么？

❖ MF47 型万用表的面板结构如图 2-39 所示。面板上半部分是表头，表头中有红、绿、黑三种刻度线；表头下方是机械调零旋钮和 h_{FE} 测量插孔；转换开关用于选择测量项目和测量范围；面板下方有两个表笔插孔，标有"+"的插红色表笔，标有"−"及"COM"的为公共插孔，插黑色表笔；5A 电流插孔用于测量 500mA～5A 之间的直流电流；交直流 1000V 测量档位有一个"2500V"标识，当表笔插在"2500V"插孔时，可在直流 1000V 档或交流 1000V 档测量交直流 2500V 的高压；在 10V 交流电压档处有"L.dB"标识，用于外加 50Hz、10V 交流电压时测量电容、电感和电平值；标有"Ω"的是欧姆调零旋钮，用于测量电阻时的欧姆调零。

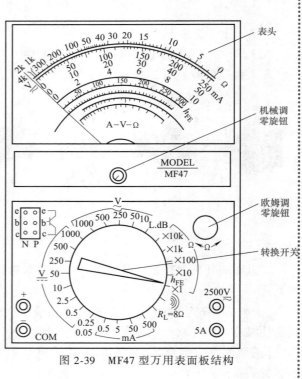

图 2-39　MF47 型万用表面板结构

！注意："常开触头"的意思就是"在常态下断开的触头"。这可是第一次使用万用表，你检测出常开触头了吗？

（3）发光二极管　发光二极管简称为 LED，可以把电信号转化成光信号，具有单向导电性，即正极（也叫阳极）与高电位点相连，负极（也叫阴极）与低电位点相连，发光二极管加正向电压时才会有较大电流流过，其外形及符号如图 2-40 所示。

发光二极管的正负极可根据其外形确定，也可用万用表测定。

【根据外形判断正负极】 一般发光二极管的两根引脚中较长的一根为正极（或阳极），较短的一根为负极（或阴极），即"长脚正、短脚负"。有的发光二极管的两根引脚一样长，但管壳上有一凸起的小舌，靠近小舌的引脚是其正极。

a)   b)

图 2-40   发光二极管的外形及符号

a) 外形   b) 符号

发光二极管的管体一般用透明塑料制成，可用肉眼观察来识别它的正、负极：将发光二极管拿起放在明亮处，从侧面观察两条引出线在管体内的形状，较小的是正极，较大的是负极。

【用万用表测定正负极】 测定的依据是发光二极管的单向导电性，测量方法如下：

1) 将万用表的转换开关拨至欧姆档，选择 R×1k 量程。

2) 红黑表笔分别碰触发光二极管的两个引脚，测量其阻值，调换引脚再测一次。在两次测量中，电阻小的那次，黑表笔所接触的是发光二极管的正极，红表笔接触的是发光二极管的负极。

小技巧

❖ 若采用 MF368 型万用表，用 R×1 档，若黑表笔接发光二极管的正极、红表笔接负极，则发光二极管能够发光。

❖ 若采用 MF47 型指针式万用表，可以将两块表串联起来用，将甲表的红表笔插入乙表的黑表笔插孔中，用甲表的黑表笔和乙表的红表笔来测量发光二极管，并将两块表的转换开关均拨至 R×1 档，在发光二极管加正向电压时，便会发出亮光。

小提示

❖ 指针式万用表的红表笔接表内电池的负极，黑表笔接表内电池的正极。数字式万用表红表笔就是对应内部电源正极，这点二者不同。

(4) 色环电阻   从给出的电阻中用色环法识读或万用表测量找到本电路需要的 100Ω 电阻。色环法识读电阻值的方法详见 2.3.2 电阻器一节，万用表测电阻详见操作指导 2-1。

3．元器件检测与电路安装

(1) 元器件检测   按表 2-6 备齐电路所需要的元器件并检测。

1）用万用表查找开关的常开触头。

2）通过测量发光二极管的正、反向电阻，判断其正负极。

3）用万用表测量电阻器的阻值，找出阻值为100Ω的电阻器（具体测量方法见操作指导2-1）。

（2）电路安装

【最简发光电路安装】　在面包板上将电阻器和发光二极管串联，接入直流电源，即可看到发光二极管亮起来。注意电池的正负极和发光二极管的正负极不要接错。安装示意图如图2-41所示。

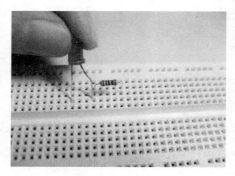

图2-41　最简发光电路安装示意图

【增加开关控制】　在上面的最简发光电路上增加一个开关，接入直流电源，即可控制发光二极管的亮灭。开关控制的简易发光电路安装示意图如图2-42所示。

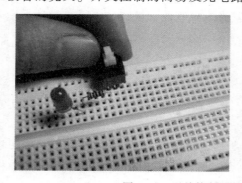

图2-42　开关控制的简易发光电路安装示意图

任务二　简易发光电路电压、电流的测量

通过对电路中电压、电流的测量，分析电压、电流与电阻的关系，学会使用万用表的直流电压档和直流电流档。

使用万用表的直流电压档和直流电流档测量图2-43所示电路的电压、电流，具体操作见操作指导2-2。

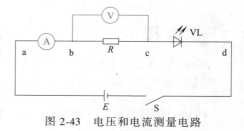

图2-43　电压和电流测量电路

1）正确连接电路。按照图2-43所示电路图，连接好电路。

2）用两块万用表，分别拨至直流电压档和直流电流档。闭合开关S，观察发光二极管

VL 的亮度。

3）分别读取电压、电流值，将结果填入表 2-7 中。

4）改变电阻值，重新测量 R 两端电压以及电路中的电流，将结果填入表 2-7 中。

5）利用欧姆定律，计算 R 的计算阻值，也填入表 2-7 中。

表 2-7　测量结果

R 标称阻值/Ω	R 两端电压/V	电路电流/A	R 实测阻值/Ω	R 计算阻值/Ω
100				
390				
510				

从表 2-7 可以看到，R 的阻值越大，其两端电压_____，流过它的电流_____，发光二极管越_____。

实训评价

简易发光电路安装与检测的评价标准见表 2-8。

表 2-8　自评互评表

班级		姓名		学号		组　别		
项目	考核内容		配分	评分标准			自评分	互评分
元器件识别与检测	1. 色环电阻器的识别与检测 2. 发光二极管正、负极的判别与质量检测		20	1. 不能正确识别电阻器，扣 1~5 分 2. 不能正确识别发光二极管极性，扣 1~5 分 3. 不会检测发光二极管质量，扣 5~10 分				
电路安装与调试	1. 正确安装电路 2. 电路工作正常		25	1. 不能正确安装电路，扣 1~5 分 2. 电路接点不牢固，每处扣 1~5 分 3. 不能正确调试，扣 1~5 分				
电路测试	1. 正确使用万用表测电阻器阻值 2. 正确使用万用表测电路中的电流 3. 正确使用万用表测发光二极管和电阻器两端电压		45	1. 不能正确使用万用表测电阻，扣 5~15 分 2. 不能正确使用万用表测电流，扣 5~15 分 3. 不能正确使用万用表测电压，扣 5~15 分				
安全文明操作	1. 工具摆放整齐 2. 严格遵守安全操作规程		10	1. 工作台上不整洁，扣 1~5 分 2. 违反安全文明操作规程，酌情扣 1~5 分				
合计			100					

学生交流改进总结：

教师总评及签名：

操作指导 2-1　万用表测电阻

1. 万用表使用注意事项

（1）使用前

1）万用表按指定方式放置。

2）检查表针是否停在表盘左端的零位。如有偏离，可用螺钉旋具轻轻转动机械调零旋钮，使表针指零。

指针式万用表的使用

数字式万用表的使用

! 注意： 机械调零不是每次测量必做的项目。

3）将表笔正确插入表笔插孔。红色表笔接到红色接线柱或插入标有 "＋" 号的插孔内，黑色表笔接黑色接线柱或插入标有 "－" 号（"＊" 号或 "COM"）的插孔内。

4）将转换开关旋到相应的档位和量程上。

（2）使用后

1）拔出表笔。

2）将万用表转换开关旋至空档，若无此档，应旋至交流电压最高档，避免因使用不当而损坏。

3）若长期不用，应将表内电池取出，以防电池电解液渗漏而腐蚀内部电路。

2. 万用表测量电阻

（1）万用表测量电阻步骤

【机械调零】 在测量前，将万用表按放置方式（如 MF47 型是水平放置）放置好（一放）；看万用表指针是否指在左端的零刻度上（二看）；如不在，需要机械调零，即用一字螺钉旋具调整机械调零旋钮，使指针指零（三调节）。

【选择合适倍率】 万用表的欧姆档包含了 5 个倍率量程：×1、×10、×100、×1k、×10k。先把万用表的转换开关拨到一个倍率，红黑表笔分别接触被测电阻的两引脚，进行初步测量，观察指针的指示位置，再选择合适的倍率。

小技巧

合适倍率的选择标准

❖ 合适倍率的选择标准是使指针指示在刻度线中心附近。最好不使用刻度左边三分之一的部分，这部分刻度密集，读数偏差较大，应使指针尽量指在欧姆档刻度线的数字 5~50 之间。

【欧姆调零】 将转换开关旋在欧姆档的适当倍率上，将两根表笔短接，指针应指向电阻刻度线右边的 "0" Ω 处。若不在 "0" Ω 处，则调整欧姆调零旋钮使指针指零。

! 注意： 测量电阻时，每换一次倍率，都要进行欧姆调零。

【读数】 万用表上欧姆档的标志是 "Ω" 符号，档位处有 "Ω" 标志，读数时看有 "Ω" 标志的那条刻度线。万用表电阻档的刻度线标度是不均匀的，如图 2-44 所示。最上面一条刻度线上只有一组数字，作为测量电阻专用，从右往左读数。读数值再乘以相应的倍率，即为所测电阻值。

例如，倍率选×1k，刻度线上的读数为 7.2，那么该电阻值为 7.2×1kΩ，即 7.2kΩ；如

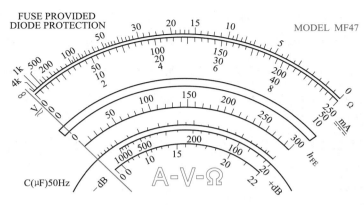

图 2-44　万用表电阻刻度线

果倍率选×10，刻度线上的读数还是在原来位置，那么该电阻值为 $7.2×10\Omega = 72\Omega$。

当表头指针位于两个刻度之间的某个位置时，由于欧姆标度尺的刻度是非均匀刻度，应根据左边和右边刻度缩小或扩大的趋势，估读一个数值。

【归档】　测量完毕将转换开关拨在万用表的空档或交流电压最高档。

（2）测量电阻时的注意事项

1）每次更换量程都必须进行欧姆调零。

2）不要同时用手触及元器件引脚的两端（或两根表笔的金属部分），以免人体电阻与被测电阻并联，使测量结果不准确。

3）在欧姆调零时，若调零旋钮旋至最大指针仍然达不到 0（这种现象通常是由于表内电池电量不足造成的），则换上新电池再进行欧姆调零。

4）测量电阻时，被测电阻器不能处在带电状态。在电路中，若不能确定被测电阻器有没有并联电阻的存在时，应把被测电阻器的一端从电路中断开，再进行测量。

操作指导 2-2　万用表测直流电压、电流

1. 直流电压、电流档简介

直流电压档、直流电流档是万用表常用的测量档位，其标志分别是 "$\frac{V}{---}$" 和 "$\frac{mA}{---}$"。直流电压档和直流电流档读数时都用图 2-44 所示的第二条刻度线。

2. 测量步骤

【正确插入表笔】　具体方法见操作指导 2-1 中的万用表使用注意事项。

【选择合适的量程】　如果不知道被测电压或电流的大小，应先用最大量程，而后再选用合适的量程来测量，以免表针偏转过度而被打弯。测电压、电流时应尽量使指针偏转到满刻度的 1/2 以上，这样可减少测量误差。

【正确接入万用表】　测电压时，万用表与被测电路并联（红表笔接被测电路的高电位点，即电压 "+" 极性端，黑表笔接低电位点，即电压的 "－" 极性端）；测量电流时，万用表与被测电路串联（即电流从红表笔流入，从黑表笔流出）。

【读数】　如图 2-44 所示，第二条刻度线为交、直流电压和直流电流读数的共用刻度线，标

有 "$\underset{=\!=}{mA}$" 和 "$\underset{=\!=}{V}$" 标志。刻度线的最左端为 "0"，最右端为满刻度值，均匀分了 5 个大格、50 个小格。为了读数方便，刻度线下有 0~250、0~50 和 0~10 三组数。例如测直流电压时，若选择了 50V 量程，则按 0~50 这组读数就比较方便，即满量程是 50V，每个小格代表的是 $\dfrac{50V}{50\ 小格}=1V/$小格，如果指针指在 20 右边过 1 个小格的位置，则读数值为 21.0 小格×1 V/小格＝21.0V。

测直流电流时的读数方法同上。

！注意： 有些型号的指针式万用表的刻度线排列顺序与此略有不同，注意看刻度线旁的标志就不会用错。

小技巧

点 测 法

❖ 测量直流电压和直流电流时，注意正确接入万用表表笔，不要接错。如不知道被测两点电压及电流的实际方向，可用两表笔短暂试碰这两点，如发现指针反偏，应立即调换表笔，以免损坏指针及表头。该方法称为 "点测法"。

3. 万用表测直流电压、电流注意事项

1）不能旋错档位。如果误用电阻档或电流档去测电压，易烧坏万用表。

2）注意正确接入万用表，不要接错。

3）不能带电转换量程。

 实践环节

万用表检测电池电压

取一节 5 号电池或 1 号电池，将万用表的直流电压档置于 2.5V 档量程，测量电池电压。有的万用表有专门的电池测量档。注意事项如下：

➤ 红表笔接电池正极，黑表笔接电池负极。

➤ 如果电池电量充足，测得电压应该是 1.5V。

➤ 如果测得电池电压小于 1.1V，说明电池电量不足。

 巩固与提高

1. 单选题

（1）在万用表上，电阻刻度线旁边标注的符号是（   ）。

A. V   B. Ω   C. mA   D. A

（2）万用表的交流电压档，指示的数值是（   ）。

A. 恒定值   B. 最大值   C. 有效值   D. 瞬时值

2. 判断题

（1）万用表的电压、电流及电阻档的刻度线都是均匀的。   （   ）

（2）改变万用表电阻档倍率后，测量电阻之前必须进行欧姆调零。   （   ）

（3）万用表欧姆档刻度线的最左端是 0Ω。 （ ）

（4）测量电压时，电压表串联在被测电路中。 （ ）

（5）万用表欧姆档不能带电测量。 （ ）

（6）用万用表测量高电压或大电流时，不能在测量时旋动转换开关，避免转换开关的触头产生电弧而损坏开关。 （ ）

2.5 一般直流电路的分析

不能用电阻串、并联的方法化简为无分支单回路的电路，称为复杂电路。复杂电路不能再简单应用欧姆定律进行分析，常用的分析方法有基尔霍夫定律、电源等效变换、戴维南定理、叠加原理等。

2.5.1 基尔霍夫定律

在学习基尔霍夫定律之前，必须先明确电路的几个基本概念。

1. 基本概念

【支路】 由一个或几个元件串联后组成的无分支电路，称为支路，支路数用 b 表示，同一支路中电流处处相等。图 2-45 所示电路中，有 ab、adb、acb 三条支路，该电路的支路数 $b=3$。其中 ab 是无源支路（不含电源），adb、acb 是有源支路（支路中含有电源）。

【节点】 电路中三条或三条以上支路的连接点称为节点，节点数用 n 表示。图 2-45 所示电路中的 a 点和 b 点为节点，该电路节点数 $n=2$。

【回路】 电路中任意一个闭合路径称为回路，回路数用 m 表示。图 2-45 所示电路中的 abca、adba、adbca 都是回路，该电路的回路数 $m=3$。

【网孔】 中间无支路穿过的回路称为网孔，图 2-45 所示电路中有 abca 和 adba 两个网孔。网孔是不可再分的回路。网孔一定是回路，但回路有可能不是网孔。

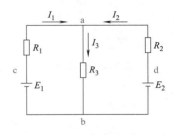

图 2-45 复杂电路

2. 基尔霍夫定律

（1）基尔霍夫电流定律

【定律内容】 基尔霍夫电流定律也叫节点电流定律，简称 KCL，内容是：在任一时刻，对电路中的任一节点，流入节点的电流之和等于流出该节点的电流之和，即

$$\sum I_{入} = \sum I_{出} \tag{2-12}$$

在图 2-46 中，对节点 A 有 $I_1+I_3=I_2+I_4+I_5$。

基尔霍夫电流定律也称为基尔霍夫第一定律，它确定了汇集于电路中某一节点各支路电流间的约束关系。与水管三通处或河流的汇合处的水流情况类似（如图 2-47 所示），交汇处水流 1 的流量+水流 2 的流量=水流 3 的流量，水不会增加或减少。同样，电流是由电荷的定向移动形成的，节点处的电荷不会增加或减少，即电荷是守恒的。所以电流和水流一样，流入之和等于流出之和。

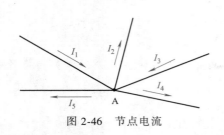

图 2-46 节点电流

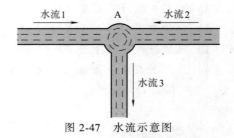

图 2-47 水流示意图

基尔霍夫电流定律还可以表述为：在任一节点上，若规定流入节点电流为正，流出节点电流为负，则节点电流的代数和为零，即

$$\sum I = 0 \tag{2-13}$$

小提示

应用 KCL 时的注意事项

❖ 对于含有 n 个节点的电路，只能列出 $(n-1)$ 个独立的节点电流方程。

❖ 首先要假定未知电流的参考方向。若计算结果为正值，表明电流的实际方向与参考方向一致；若计算结果为负值，表明电流的实际方向与参考方向相反。

❖ 列节点电流方程时，只需要考虑电流的参考方向（流入为正，流出为负，或者相反），然后再带入电流的数值（可正可负）。

例 2-14 根据图 2-45 所示电路，列写 a 点 KCL 方程。

解：
$$I_1 + I_2 = I_3，即 I_1 + I_2 - I_3 = 0$$

【推广应用】 KCL 虽然是对电路中任一节点而言的，根据电流的连续性原理，它可推广应用于电路中的任一假想封闭曲面（又称广义节点，如图 2-48 虚线所示），通过广义节点的各支路电流的代数和恒等于 0。

（2）基尔霍夫电压定律

【定律内容】 基尔霍夫电压定律也叫回路电压定律，简称 KVL，内容是：在任一时刻，对任一闭合回路，沿回路绕行方向上各段电压的代数和为零，即

$$\sum U = 0 \tag{2-14}$$

基尔霍夫电压定律也称为基尔霍夫第二定律，它确定了回路中各元件电压间的约束关系。

图 2-49 所示电路中，用带箭头的虚线表示回路绕行方向，根据基尔霍夫电压定律，可得

$$U_{ab} + U_{bc} + U_{cd} + U_{da} = (V_a - V_b) + (V_b - V_c) + (V_c - V_d) + (V_d - V_a) = 0$$

各段电压为

$$U_{ab} = E_1 + I_1 R_1$$
$$U_{bc} = I_2 R_2$$
$$U_{cd} = -E_2 - I_3 R_3$$
$$U_{da} = -I_4 R_4$$

分别代入回路电压方程，可得

$$E_1+I_1R_1+I_2R_2-E_2-I_3R_3-I_4R_4=0$$

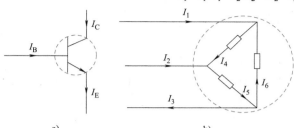

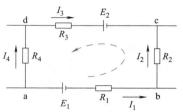

图 2-48　KCL 定律的推广应用　　　　　　　图 2-49　基尔霍夫电压定律

a）$I_B-I_E+I_C=0$　b）$I_1-I_3+I_2=0$

应用 KVL 时的注意事项

❖ 任意选定未知电流的参考方向，且元件电压、电流取关联参考方向。

❖ 任意选定回路的绕行方向。

❖ 确定电阻电压的符号。当选定的绕行方向与电流参考方向相同，电阻电压取正值，反之取负值。

❖ 确定电源电动势的符号。当选定的绕行方向与电源电动势方向（电源电动势从"－"极到"＋"极）相反，电动势取正值，反之取负值。

例 2-15　图 2-50 所示电路中，应用 KVL 列写回路电压方程。

解：根据基尔霍夫电压定律，列出回路 I 和回路 II 的回路电压方程。

回路 I（即 abca 回路）的电压方程为

$$I_1R_1+I_3R_3-E_1=0$$

回路 II（即 adba 回路）的电压方程为

$$-I_2R_2-I_3R_3+E_2=0$$

【推广应用】　基尔霍夫电压定律可推广于不闭合的假想回路，将不闭合两端点间电压列入回路电压方程。在图 2-51 所示电路中，a、d 为两个端点，端电压为 U_{ad}，对假想回路 abcda 列回路电压方程为

$$U_{ad}+I_3R_3+E_1+I_1R_1+E_2-I_2R_2=0$$

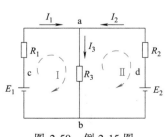

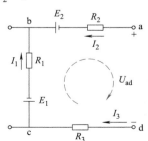

图 2-50　例 2-15 图　　　　　　　　图 2-51　基尔霍夫电压定律推广应用

基 尔 霍 夫

基尔霍夫（1824—1887），德国物理学家。1845年，21 岁的他发表了第一篇论文，提出了稳恒电路网络中电流、电压、电阻关系的两条电路定律，即著名的基尔霍夫电流定律和基尔霍夫电压定律，解决了电气设计中电路方面的难题。

*2.5.2 电压源、电流源及其等效变换

根据提供恒定的物理量不同，电源可分为电压源和电流源。

【电压源】 输出恒定不变的电压且输出电压值与其电流无关的电源，称为理想电压源，又称恒压源。理想电压源的电流由与它相连的外电路决定。

理想电压源的电路符号如图 2-52a 所示，U_S 为电压源的电动势。理想电压源两端的电压（即端电压）与该电源的电动势相等。

实际情况下，电源在供电过程中会出现发热现象，说明电源中还有一定的电阻，其端电压也会随着输出电流的变化而变化。为了便于分析，把实际电压源用一个理想电压源与一个内阻的串联组合来表示，如图 2-52b 所示。

在图 2-52b 中，U_S 为电源电动势，R_0 为电源内阻，U 表示电源的端电压。电源内阻 R_0 越大，在输出电流相同的情况下，端电压越低；内阻 R_0 越小，在输出电流相同的情况下，端电压越高。如果 $R_0 = 0$，端电压 $U = U_S$，与输出电流无关，实际电压源变为理想电压源。实际电压源是否可以看作理想电压源，由电源的内阻 R_0 和电源的负载 R_L 相比较而定，当负载电阻远大于电源的内阻时，可将实际电压源视为理想电压源。

【电流源】 当负载在一定范围内变化时，电源的端电压随之变化，而输出电流恒定不变，这类电源称为理想电流源，又称恒流源。理想电流源的电路符号如图 2-53a 所示，I_S 为其输出电流，箭头的方向是电流参考方向。

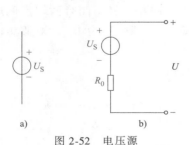

图 2-52 电压源

a）理想电压源 b）实际电压源

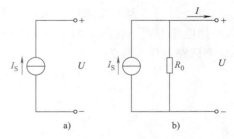

图 2-53 电流源

a）理想电流源 b）实际电流源

理想电流源实际是不存在的。实际电流源可以用理想电流源和内阻并联组合表示，如图 2-53b 所示，I_S 为电流源的电流，R_0 为电流源的内阻，U 为电流源的端电压。

电流源的内阻 R_0 越大，I_S 在 R_0 上的分流越小，输出电流 I 越接近 I_S。当 $R_0 \rightarrow \infty$ 时，

$I = I_S$，即输出电流与端电压无关，呈恒流特性，变为理想电流源。当实际电流源的内阻 R_0 远大于负载电阻 R_L 时，可将其视为理想电流源。实际应用中的晶体管输出特性比较接近理想电流源。

【电源等效变换】　实际电压源和实际电流源之间可以等效变换。等效变换只对外电路等效，即将它们与相同的负载连接时，负载的电压、电流、消耗的功率都相同。两种电源等效变换如图 2-54 所示。

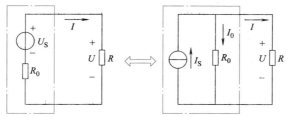

图 2-54　电压源和电流源等效变换

两种电源等效变换时满足以下关系：

$$I_S = \frac{U_S}{R_0}$$

$$U_S = I_S R_0$$

小提示

❖ 电压源与电流源的等效变换只对外电路等效，对内电路不等效。

❖ 理想电压源和理想电流源之间不能进行等效变换。

❖ 等效变换前后电源内阻不变。

❖ 等效变换时，U_S 与 I_S 的方向是一致的，即电流源输出电流的一端与电压源的正极相对应。

例 2-16　在图 2-55a 所示电路中，已知 $U_{S1} = 12V$，$U_{S2} = 6V$，$R_1 = R_2 = 2k\Omega$，$R_3 = 1k\Omega$，计算 R_3 支路的电流 I_3。

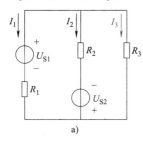
a)

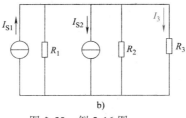
b)

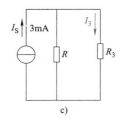
c)

图 2-55　例 2-16 图

解：首先把图 2-55a 中两个电压源分别等效变换为电流源，如图 2-55b 所示。

根据电压源和电流源的变换公式，可得

$$I_{S1} = \frac{U_{S1}}{R_1} = \frac{12V}{2 \times 10^3 \Omega} = 6mA$$

$$I_{S2} = \frac{U_{S2}}{R_2} = \frac{6V}{2 \times 10^3 \Omega} = 3mA$$

然后再把两个电流源合并，化为简单电路，如图 2-55c 所示。

$$I_S = I_{S1} - I_{S2} = 6mA - 3mA = 3mA$$

$$R = \frac{R_1 R_2}{R_1 + R_2} = \frac{R_1}{2} = 1k\Omega$$

根据分流公式，可得

$$I_3 = \frac{R}{R + R_3} I_S = \frac{1}{1+1} \times 3mA = 1.5mA$$

戴维南定理

* 2.5.3　戴维南定理

在学习戴维南定理之前，先来学习几个电路概念。

【二端网络】　具有两个引出端的电路（也叫网络），若流入一个引出端的电流与流出另一个引出端的电流相等，这样的网络称为二端网络。

【无源二端网络】　不含电源的二端网络叫无源二端网络。

【有源二端网络】　含有电源的二端网络叫有源二端网络。

戴维南定理：任何一个线性有源二端网络，对外电路来说，可以用一个等效电压源来代替，这个等效电压源的电动势 U_S 等于该有源二端网络的开路电压 U_{OC}，等效电压源的内阻 R_0 等于该有源二端网络中所有电源不作用时的等效电阻。

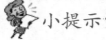小提示

电源不作用的含义

❖ 理想电压源不作用，输出零电压，将其用短路线代替；理想电流源不作用，输出零电流，可将其在电路中开路处理。注：这里仅限于理论分析，在实际电路中，电压源不能被短路，电流源不能被开路。

例 2-17　图 2-56a 所示电路中，已知 $E_1 = 3V$，$E_2 = 15V$，$R_1 = 3\Omega$，$R_2 = 6\Omega$，$R_3 = 2\Omega$，试用戴维南定理求通过 R_3 的电流及 R_3 两端电压 U_3。

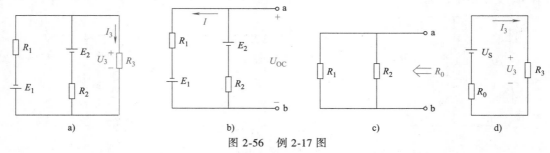

图 2-56　例 2-17 图

a）电路原图　b）去掉 R_3 支路　c）将电压源短路　d）戴维南等效电路

解：1）去掉 R_3 所在支路，如图 2-56b 所示，计算开路电压 U_{OC}，即等效电压源的电动势 U_S：

$$I = \frac{E_1 + E_2}{R_1 + R_2} = \frac{3+15}{3+6}A = 2A$$

$$U_S = U_{OC} = E_2 - IR_2 = 15V - 2 \times 6V = 3V$$

2）让有源二端网络中各电源不作用，即将理想电压源用短路线代替，成为无源二端网络，如图 2-56c 所示，计算出等效电阻 R_0，即等效电压源的内阻：

$$R_0 = \frac{R_1 R_2}{R_1 + R_2} = \frac{3 \times 6}{3 + 6}\Omega = 2\Omega$$

3）将所求的等效电源 U_S、R_0 与待求支路的电阻 R_3 连接，形成戴维南等效电路，如图 2-56d 所示。计算支路电流 I_3 和电压 U_3：

$$I_3 = \frac{U_S}{R_0 + R_3} = \frac{3}{2 + 2}A = 0.75A$$

$$U_3 = I_3 R_3 = 0.75 \times 2V = 1.5V$$

小技巧

采用戴维南定理解题的步骤

❖ 断开待求支路，得到有源二端网络。

❖ 计算有源二端网络两端点间的开路电压 U_{OC}。

❖ 将有源二端网络内各电源置零，求从端口处看进去的等效电阻 R_0。

❖ 将待求支路与等效电源连接，画出戴维南等效电路，计算待求量。

*2.5.4　负载获得最大功率的条件

一个实际电源产生的功率通常分为两部分：一部分消耗在电源及导线上；另一部分输出给负载。在电子电路中总是希望负载上得到的功率越大越好，那么，怎样才能使负载获得最大功率呢？

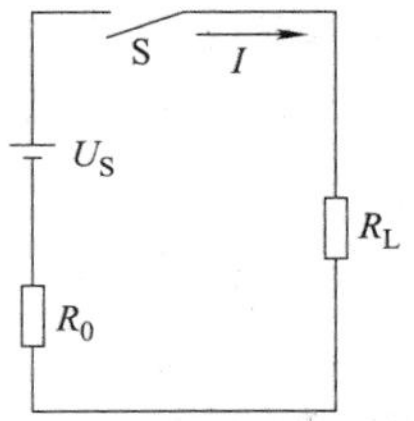

图 2-57 所示电路中，负载电阻 R_L 上的功率为

$$P = I^2 R_L$$

根据全电路的欧姆定律得

$$I = \frac{U_S}{R_0 + R_L}$$

图 2-57　负载获得
最大功率

将 I 代入 $P = I^2 R_L$ 中，得到

$$P = I^2 R_L = \left(\frac{U_S}{R_0 + R_L}\right)^2 R_L = \frac{U_S^2 R_L}{(R_0 + R_L)^2} = \frac{U_S^2}{\frac{(R_L - R_0)^2}{R_L} + 4R_0} \tag{2-15}$$

由式（2-15）可知，只有当分母最小时，P 有最大值，即只有当 $(R_L - R_0)^2 = 0$ 时，P 有最大值。所以，当 $R_L = R_0$ 时，负载上获得最大功率，且

$$P_{max} = \frac{U_S^2}{4R_0} \tag{2-16}$$

由此得出负载获得最大功率的条件是：负载电阻等于电源内阻，这在无线电技术中称为负载匹配。

负载匹配在许多实际问题中得到应用。例如晶体管收音机里的输入、输出变压器就是为了达到阻抗匹配条件而接入的。

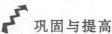 **巩固与提高**

1. 填空题

（1）电路中三条或三条以上支路的连接点称为_____。

（2）基尔霍夫电压定律也称为第_____定律，其数学表达式为_____。

（3）基尔霍夫电流定律也称为第_____定律，其数学表达式为_____。

（4）电路如图2-58所示，支路数为_____、节点数为_____、网孔数为_____。

（5）如图2-59所示，若 $I_1 = 2A$，$I_2 = 1A$，$I_3 = 4A$，$I_4 = 3A$，则 $I_5 = $ _____A。

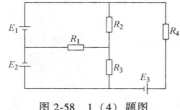

图2-58 1（4）题图　　　　　　　　图2-59 1（5）题图

（6）电压源与电流源进行等效变换时，只对_____等效，对_____不等效。

（7）内部不含电源的二端网络叫_____，含有电源的二端网络叫_____。

（8）对外电路来说，任意一个有源二端网络可以用一个等效电压源来替代，该等效电压源的电动势等于_____，其内阻等于_____，这就是戴维南定理。

（9）求有源二端网络的等效电阻时，要将电压源_____处理，将电流源_____处理。

（10）当负载电阻可变时，负载获得最大功率的条件是_____，最大功率是_____。

（11）无线电技术中负载匹配的条件是_____。

2. 单选题

（1）电路中，任一时刻流向某节点的电流之和应（　　）由该节点流出的电流之和。

A. 大于　　　　　　B. 小于　　　　　　C. 等于　　　　　　D. 不能确定

（2）由一个或几个元件串联后组成的无分支电路称为（　　）。

A. 支路　　　　　　B. 回路　　　　　　C. 网孔　　　　　　D. 不能确定

（3）在使用基尔霍夫电流定律列写方程时，电路有 n 个节点，可以列写（　　）个独立方程。

A. n　　　　　　B. $n+1$　　　　　　C. $n-1$　　　　　　D. $n+2$

（4）应用戴维南定理求有源二端网络的输入等效电阻是将网络内各电动势（　　）。

A. 串联　　　　　　B. 并联　　　　　　C. 开路　　　　　　D. 短接

（5）应用戴维南定理分析含源二端网络的目的是（　　）。

A. 求电压　　　　　B. 求电流　　　　　C. 求电动势　　　　D. 用等效电压源代替二端网络

（6）含有（　　）的二端网络，叫有源二端网络。

A．电源　　　　　　B．电压　　　　　　C．电流　　　　　　　　　D．电阻

（7）根据戴维南定理，一个有源二端网络可以用一个（　　）来等效代替。

A．电压源　　　　　B．电流源　　　　　C．电阻　　　　　　　　　D．电动势

（8）负载获得最大功率的条件是（　　）。

A．电源内阻为 0　　B．负载电阻为 0　　C．负载电阻等于电源内阻　　D．负载电阻最大

3．判断题

（1）基尔霍夫电流定律又称基尔霍夫第一定律。　　　　　　　　　　　　　　（　　）

（2）在电路中，在任意一个节点，流过该节点的电流之和为 0。　　　　　　（　　）

（3）用基尔霍夫电流定律列节点电流方程时，当解出的电流为负值时，说明电流方向假设错了。　　　　　　　　　　　　　　　　　　　　　　　　　　　　　　　　（　　）

（4）基尔霍夫电压定律又称 KVL。　　　　　　　　　　　　　　　　　　　　（　　）

（5）在电路中，有几个网孔就可以列出几个基尔霍夫定律电压方程。　　　　（　　）

（6）在电路中，电源分为电压源和电流源。　　　　　　　　　　　　　　　　（　　）

（7）电压源与电流源的等效变换只对外电路等效，对内电路不等效。　　　　（　　）

（8）理想电压源和理想电流源之间不能进行等效变换。　　　　　　　　　　（　　）

（9）负载匹配指电源内阻等于负载电阻。　　　　　　　　　　　　　　　　　（　　）

4．计算题

（1）部分电路如图 2-60 所示，已知：$I_1 = 1A$，$I_2 = 2A$，$I_4 = 3A$，求 I_3。

（2）用基尔霍夫定律求图 2-61 所示电路各支路电流。

（3）如图 2-62 所示，已知 $E = 10V$，内阻 $R_0 = 0.5\Omega$，$R_1 = 2\Omega$，R_P 为可变电阻。R_P 的阻值为多少时 R_P 可获得最大功率，最大功率是多少？

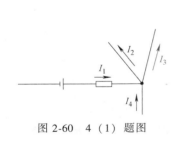

图 2-60　4（1）题图

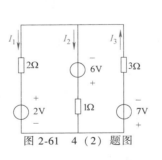

图 2-61　4（2）题图

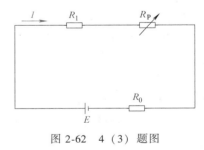

图 2-62　4（3）题图

本章小结

1）电流流通的路径称为电路。电路一般由电源、负载、开关和连接导线四部分组成。电路分为通路、断路和短路三种状态。

2）电路的主要物理量有电流、电压、电位、电动势、功率、电能等。

3）导体对电流的阻碍作用称为电阻。导体电阻的大小取决于导体本身的性质和几何尺寸，电阻定律用公式表示为 $R = \rho \dfrac{L}{S}$。电阻的连接分为串联、并联、混联三种。

4）欧姆定律反映了电阻及其电压、电流之间的关系。应用于一段电路中称为部分电路欧姆定律，公式表示为 $I = \dfrac{U}{R}$；应用于全电路中称为全电路欧姆定律，公式表示为 $I = \dfrac{E}{R+r}$。

5）n 个电阻串联时电路特点如下：

$$I = I_1 = I_2 = I_3 = \cdots = I_n$$
$$U = U_1 + U_2 + U_3 + \cdots + U_n$$
$$R = R_1 + R_2 + R_3 + \cdots + R_n$$

串联电阻可起到分压作用。两个电阻串联的分压公式为

$$U_1 = \frac{R_1}{R_1 + R_2} U \ , \ U_2 = \frac{R_2}{R_1 + R_2} U$$

6）n 个电阻并联时电路特点如下：

$$U = U_1 = U_2 = U_3 = \cdots = U_n$$
$$I = I_1 + I_2 + I_3 + \cdots + I_n$$
$$\frac{1}{R} = \frac{1}{R_1} + \frac{1}{R_2} + \frac{1}{R_3} + \cdots + \frac{1}{R_n}$$

并联电阻可起到分流作用。两个电阻并联的分流公式为

$$I_1 = \frac{R_2}{R_1 + R_2} I \ , \ I_2 = \frac{R_1}{R_1 + R_2} I$$

7）基尔霍夫定律包括基尔霍夫电流定律（KCL）和基尔霍夫电压定律（KVL），基尔霍夫电流定律表述为对于电路中的任一节点均有 $I_{流入} = I_{流出}$，基尔霍夫电压定律表述为对于电路中的任一回路均有 $\sum U = 0$。

基尔霍夫定律对于简单电路、复杂电路、直流电路、交流电路、线性电路、非线性电路都适用。

8）实际电压源与实际电流源可进行等效变换，变换公式为

$$I_S = \frac{U_S}{R_0} \ , \ U_S = I_S R_0$$

9）戴维南定理是将线性有源二端网络用等效电压源来代替，该电压源的电动势 U_S 等于该网络的开路电压 U_{OC}，内阻 R_0 等于原网络中所有电源不作用时的等效电阻。

10）负载获得最大功率的条件是：负载电阻等于电源内阻，即当 $R_L = R_0$，最大功率为

$$P_{max} = \frac{U_S^2}{4R_0}$$

练 习 题

一、技能练习题

准备 10 只色环电阻（四色环、五色环均有），识别电阻器的标称阻值及允许偏差，并用万用表进行检测，注意选择合适的倍率。将识别和检测结果填入表 2-9 中。万用表测电阻的方法可参见操作指导 2-1。

表 2-9　色环电阻器的识别与检测结果

编号	色环	标称阻值	允许偏差	测量阻值	编号	色环	标称阻值	允许偏差	测量阻值
1					6				
2					7				
3					8				
4					9				
5					10				

二、知识练习题

1. 填空题

（1）电路如图 2-63 所示，支路数为_____、节点数为_____、网孔数为_____。

（2）电路如图 2-64 所示，电路中电流 I =_____。

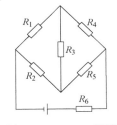

图 2-63　1（1）题图

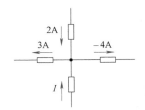

图 2-64　1（2）题图

（3）将图 2-65 所示电路等效变换为电压源时，其电压源电压 U_S =_____、内阻 R_0 =_____。

（4）将图 2-66 所示电路等效变换为电流源时，其电流源的电流 I_S =_____、内阻 R_0 =_____。

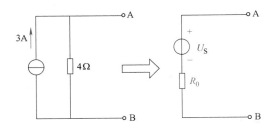

图 2-65　1（3）题图

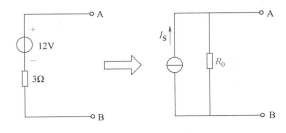

图 2-66　1（4）题图

2. 单选题

（1）电路的作用是实现（　　）的传输和转换、信号的传递和处理。

A. 能量　　　　　　　B. 电流　　　　　　　C. 电压　　　　　　　D. 电能

（2）下列电路与开路状态相同的是（　　）。

A. 通路　　　　　　　B. 闭合　　　　　　　C. 断路　　　　　　　D. 短路

（3）直流电的特点是（　　）。

A. 电流方向和大小都不随时间改变　B. 电流方向改变，大小不变

C. 电流方向不变，大小改变　　　　　D. 电流方向和大小都随时间改变

(4) 电阻器反映导体对（　　　）起阻碍作用的大小，简称电阻。

A. 电压　　　　　　B. 电动势　　　　　　C. 电流　　　　　　D. 电阻率

(5) 部分电路欧姆定律反映了在（　　　）的一段电路中，电流与这段电路两端的电压及电阻的关系。

A. 含电源　　　　　B. 不含电源　　　　　C. 含电源和负载　　D. 不含电源和负载

(6) 在 30Ω 电阻的两端加 60V 的电压，则通过该电阻的电流是（　　　）。

A. 18A　　　　　　B. 90A　　　　　　　C. 2A　　　　　　　D. 1.8 A

(7) 电阻并联后等效电阻（　　　）。

A. 增大　　　　　　B. 减小　　　　　　　C. 不变　　　　　　D. 不能确定

(8) 将毫安表改装成一个大量程的电流表，需（　　　）。

A. 串联一定阻值的电阻　B. 并联一定阻值的电阻　C. 将表的刻度变大　D. 混联电阻

(9) 将电压表扩大量程需（　　　）。

A. 串联一定阻值的电阻　B. 并联一定阻值的电阻　C. 将表的刻度变大　D. 混联电阻

(10) 将 2Ω 与 3Ω 的两个电阻串联后，接在电压为 10V 的电源上，2Ω 电阻上消耗的功率为（　　　）。

A. 4W　　　　　　B. 6 W　　　　　　　C. 8 W　　　　　　D. 10 W

(11) 把图 2-67 所示的二端网络等效为一个电压源，其电动势和内阻分别为（　　　）。

A. 3V，3Ω　　　　B. 3V，1.5Ω　　　　C. 2V，1.5Ω　　　　D. 2V，2/3Ω

(12) 在图 2-68 中，已知 $R_1 = 5Ω$，$R_2 = 10Ω$，电位器 RP 的阻值在 0~25Ω 之间变化。A、B 两端点接 20V 恒定电压，当电位器抽头上下滑动时，CD 间的电压变化范围是（　　　）。

A. 0~15V　　　　　B. 0~10V　　　　　　C. 0~15V　　　　　D. 2.5~15V

(13) 对应图 2-69 所示电路，完全正确的一组方程是（　　　）。

A. $\begin{cases} I_1 - I_3 - I_2 = 0 \\ I_1 R_1 - I_3 R_3 - E_1 = 0 \\ I_2 R_2 + I_3 R_3 - E_2 = 0 \end{cases}$
B. $\begin{cases} I_1 + I_3 - I_2 = 0 \\ I_1 R_1 - I_3 R_3 - E_1 = 0 \\ I_2 R_2 + I_3 R_3 + E_2 = 0 \end{cases}$

C. $\begin{cases} I_1 + I_3 - I_2 = 0 \\ I_1 R_1 - I_3 R_3 + E_1 = 0 \\ I_2 R_2 + I_3 R_3 - E_2 = 0 \end{cases}$
D. $\begin{cases} I_1 + I_3 - I_2 = 0 \\ I_1 R_1 - I_3 R_3 - E_1 = 0 \\ I_2 R_2 + I_3 R_3 - E_2 = 0 \end{cases}$

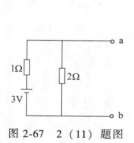

图 2-67　2 (11) 题图

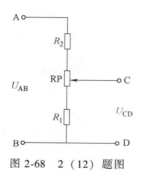

图 2-68　2 (12) 题图

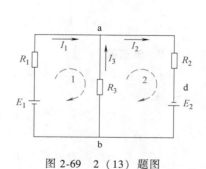

图 2-69　2 (13) 题图

3．判断题

（1）电路的组成元件有电源、负载、导线和控制器。　　　　　　　　（　　）

（2）与开路状态相同的是断路。　　　　　　　　　　　　　　　　　（　　）

（3）电压的方向规定由高电位点指向低电位点。　　　　　　　　　　（　　）

（4）一般规定正电荷移动的方向为电流的方向。　　　　　　　　　　（　　）

（5）电流流过负载时，负载将电能转换成其他形式的能。电能转换成其他形式能的过程，称为电流做功，简称电功。　　　　　　　　　　　　　　　　　　（　　）

（6）在 10kΩ 电阻的两端加 1V 的电压，则该电阻中将通过 0.1mA 的电流。　（　　）

（7）欧姆定律不但适用于线性电路，也适用于非线性电路。　　　　　（　　）

（8）家用电器都是串联使用。　　　　　　　　　　　　　　　　　　（　　）

（9）几个相同大小的电阻的一端连在电路中的一点，另一端也同时连在另一点，使每个电阻两端都承受相同的电压，这种连接方式叫电阻的并联。　　　　　　（　　）

（10）在并联电路中，并联的电阻越多，其总电阻越小，而且小于任一并联支路的电阻。　　　　　　　　　　　　　　　　　　　　　　　　　　　　　　　（　　）

（11）测量电流时，电流表并联在被测电路中。　　　　　　　　　　（　　）

4．计算题

（1）计算图 2-70 所示电路中电流 I 的大小。

（2）计算图 2-71 所示电路中端电压 U_{ab} 的大小。

（3）计算图 2-72 所示电路中 a 点电位 V_a。

（4）已知 $R_1 = 50\Omega$，$R_2 = 30\Omega$，计算图 2-73 所示电路中 A 点的电位。

（5）如图 2-74 所示，已知 $R_1 = 2\Omega$，$R_2 = 1\Omega$，$R_3 = 3\Omega$，求 S_1 和 S_2 都闭合时的等效电阻值 R_{AB}。

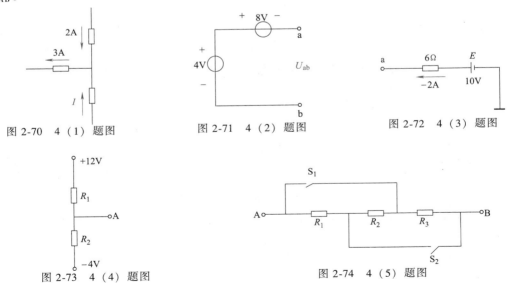

图 2-70　4（1）题图　　　　图 2-71　4（2）题图　　　　图 2-72　4（3）题图

图 2-73　4（4）题图　　　　　　　图 2-74　4（5）题图

（6）一个 100Ω、0.25W 的碳膜电阻，使用时允许通过的最大电流是多少？此电阻能否直接在其两端加上 9V 直流电压？

知 识 问 答

问题 1. 如何确定色环电阻器的第一环?

答:1)误差环距其他环较远且较宽。

对于一个五道色环的电阻器而言,第五环和第四环之间的间隔比第一环和第二环之间的间隔要宽一些,据此可判定色环的排列顺序。比如,棕色环既常用作误差环,又常用作有效数字环,且常常在第一环和最末一环中同时出现,使人很难识别谁是第一环。在实践中,可以按照两环间的间隔来判别。

2)从阻值的范围给予判断。

因为一般电阻值取值范围是 $1\Omega \sim 10M\Omega$,如果读出的阻值超过这个范围,那就可能是把第一环看错了。如电阻的色环为绿、棕、黑、绿、棕,如果误认为绿色环为第一环,则阻值为 $51M\Omega$,显然太大了,超出成品电阻的范围,这不太可能。如将棕色认为是第一环,则阻值为 $0.5k\Omega$,比较符合实际。

3)从误差环的颜色来判断。

对于四环电阻器,误差环只有金色、银色或无色。因此对于四环电阻器,金环和银环只要在一端,就可以认定这是色环电阻器的最末一环。

对于五环电阻器,从色环所代表的意义中可知,表示误差的色环颜色有金、银、棕、红、绿、蓝、紫。如果靠近电阻器端头的色环不是误差环的颜色,则可确定为第一环,如某电阻的色环为黄、红、黑、银、红,则可肯定黄色环就为第一环,因为黄色不表示误差。

4)用万用表测其阻值。

当采用前边的三种方法仍无法确认哪个是第一色环时,可用万用表测其阻值,检查与你认为是第一色环时读出的阻值是否一致。

问题 2. 测量电阻时,如何合理选择测量仪器?

答:通常选择万用表欧姆档来测量电阻。若电阻值较小,应选用电桥:若 $R<1\Omega$,应选择直流双臂电桥;若 $1\Omega<R<10^7\Omega$,应选用直流单臂电桥。测量较大电阻时,如设备或导线的绝缘电阻,应选用绝缘电阻表(兆欧表)。

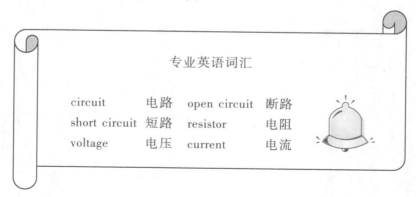

专业英语词汇

circuit	电路	open circuit	断路
short circuit	短路	resistor	电阻
voltage	电压	current	电流

第3章 电容和电感

 本章导读

知识目标

1. 了解常用电容器的种类、外形和参数；
2. 能利用串联、并联方式获得合适的电容；
3. 理解电容器充、放电电路的工作特点；
4. 掌握左手定则、右手定则、右手螺旋定则；
5. 了解电感器的概念、种类、外形和参数；
6. 了解磁场、磁通、互感、同名端等概念及工程应用。

技能目标

1. 会检测电容器的好坏；
2. 会检测电感器的好坏。

素养目标

1. 学习中大胆质疑、积极探索，具有创新精神；
2. 学习中要团结合作、取长补短，具有协作意识；
3. 善于观察、勤于思考，用所学知识解决实际问题。

学习重点

1. 电容、电感的性质；
2. 左手定则、右手定则、右手螺旋定则；
3. 判断通电导体周围的磁场方向；
4. 互感、同名端等概念的工程应用。

案例导入

打开收音机后盖或手机充电器的外壳，会看到电路板（见图 3-1）上有许多电器元件，除了我们已经熟悉的电阻器之外，还有电容器、电感器，它们在电路中发挥着各自的作用。

图 3-1　收音机电路板

3.1 电 容

3.1.1 电容器与电容

1. 电容器

电容器是用来储存电荷的装置，是电路中的重要元件之一，应用极为广泛。在电力系统中可用来提高功率因数，在电子技术中可用于滤波、耦合、隔直、旁路、选频等。

【电容器的结构】 任意两块导体中间用绝缘介质隔开就构成了电容器。这两块导体称为极板。平行板电容器的结构示意图如图 3-2a 所示。

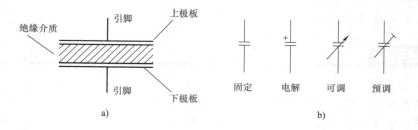

图 3-2　平行板电容器的结构示意图及符号
a） 结构示意图　b） 符号

【电容器的分类、符号】 电容器有多种类型以满足不同需要，按极板的形状不同可分为平行板、球形、柱形电容器；按结构不同可分为固定、可调、预调电容器；按介质不同可分为空气、纸质、云母、陶瓷、涤纶、玻璃釉、电解电容器等。

在电路中，常用图 3-2b 所示的符号来表示不同种类的电容器。

【电容器的外形】 常见的电容器外形如图 3-3 所示。

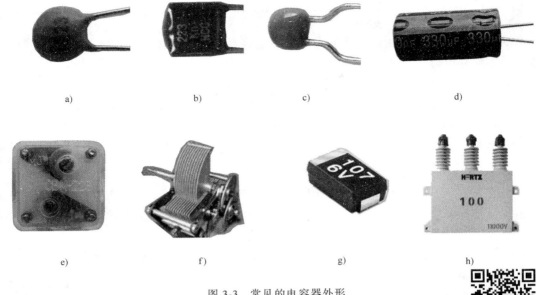

图 3-3   常见的电容器外形

a) 瓷片电容器   b) 涤纶电容器   c) 独石电容器   d) 电解电容器   e) 双联可调
电容器   f) 空气可调电容器   g) 贴片电容器   h) 高压并联电力电容器

常用电容器外形

2. 电容器的电容量

【电容】   当电容器与直流电源接通时，在电源电压的作用下，两块极板将带有等量的异性电荷。任一极板上所储存的电荷量 Q 与两极板间电压 U 的比值，称为电容量，简称电容，用符号 C 表示，即

$$C = \frac{Q}{U} \tag{3-1}$$

式中 Q——电极上带的电荷，单位是库［仑］，符号为 C；

U——两极板间的电压，单位是伏［特］，符号为 V；

C——电容，单位是法［拉］，符号为 F。

由式（3-1）可见，电容的大小等于该电容器加单位电压时导体极板所带的电荷量。电容是表示电容器储存电荷能力的物理量，由实验可知，它和电容器极板的尺寸、相对位置及绝缘介质的性能有关。

对于平行板电容器来说，其电容量与极板相对面积 S 及电介质的介电常数 ε 成正比，与两极板的距离 d 成反比，即

$$C = \frac{\varepsilon S}{d} \tag{3-2}$$

式中 ε——介质的介电常数，单位是法每米，符号为 F/m；

S——平行板电容器极板的有效面积，单位是平方米，符号为 m^2；

d——极板间的距离，单位是米，符号为 m；

C——电容，单位是法［拉］，符号为 F。

> 小提示
>
> ❖ 电容器的基本特性是能够储存电荷。电容器如同我们生活中的水桶，水桶储存水，电容储存电荷；水桶容量有大小，电容器的电容有大小；水桶可以装满水当然也可以空着，电容可以充满电荷也可以没有电荷。

【电容的单位】 电容的国际单位为法［拉］，符号为 F。实际应用中，电容器的容量往往比 1F 小得多，因此常用微法（μF）和皮法（pF）（曾称微微法）作为单位，它们的关系是

$$1F = 10^6 \mu F; \quad 1\mu F = 10^6 pF$$

电容单位还有毫法（mF）和纳法（nF）等，它们与法的关系为

$$1F = 10^3 mF; \quad 1F = 10^9 nF$$

【电容器的主要参数】 电容器的主要参数有标称容量、耐压值和允许偏差。

电容器上所标明的电容量称为该电容的标称容量。

耐压值是指电容器能长时间稳定工作，并且保证电介质性能良好的直流电压的数值。它是电容器能承受的最高电压，使用时实际电压不能超过电容器耐压值。

实际电容量与标称容量之间允许的偏差称为允许偏差。

电容器充放电

3. 储能元件

使电容器两极板带上等量异性电荷的过程称为电容器的充电，电容器两极板所带正负电荷中和的过程称为电容器的放电。电容器充放电电路如图 3-4 所示。将开关 S 置于位置 1 时，电源 U_S 对电容器充电，电容器上的电荷逐渐增加，直到 u_C 和 U_S 相等为止；开关 S 由位置 1 切换到位置 2 时，电容器将通过电阻器 R 放电，直到电容器上无电荷为止。由电容器的充放电过程可知，电容器在没带电荷的情况下，可以接受电源输送给它的电能，并以电荷的

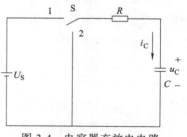

图 3-4 电容器充放电电路

形式将电能储存起来；放电过程中，电容器再将储存的电能释放出来。具有这种性质的元件，称为储能元件，电容器和电感器都是储能元件。

3.1.2 电容器的连接

在实际应用中，选择电容器时要考虑耐压值和容量，当遇到一个电容器耐压不够或容量不能满足要求时，可以把几个电容器串联或并联起来使用。电容器串联可以提高耐压值，电容器并联可以增加容量。

【电容器串联】 两个或两个以上的电容器依次相连，只有一条通路的连接方式，称为电容器的串联，如图 3-5 所示。

电容器串联实际上是增加了电介质的厚度，由于电容量的大小与两极板间的距离成反比，因而总等效电容减小了。电容器串联总电容的计算与电阻器并联总电阻的计算公式相仿，为

$$\frac{1}{C}=\frac{1}{C_1}+\frac{1}{C_2}+\frac{1}{C_3}$$

电容器串联还有以下特点：

$$Q=Q_1=Q_2=Q_3$$

根据电容器的定义 $C=\dfrac{Q}{U}$ 可得

$$U_1=\frac{Q}{C_1} \quad U_2=\frac{Q}{C_2} \quad U_3=\frac{Q}{C_3}$$

且由基尔霍夫电压定律可知

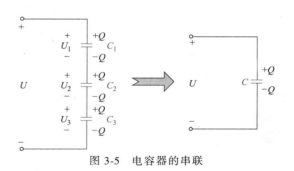

图 3-5 电容器的串联

$$U=U_1+U_2+U_3$$

所以，电容器串联时，具有以下特点：

1）总电容减小，总的耐压增大。所以当单个电容耐压小于外电压时，可通过多个电容的串联获得较大耐压。

2）当不同容量的电容器串联时，容量最小的电容器所承受的电压最高。

例 3-1 在图 3-6 中，已知 $U=50\text{V}$，$C_1=20\mu\text{F}$，$C_2=30\mu\text{F}$，求等效电容 C 多大？C_1 和 C_2 上的电压各是多少？

解：电容器串联，由 $\dfrac{1}{C}=\dfrac{1}{C_1}+\dfrac{1}{C_2}$ 可知等效电容

$$C=\frac{C_1C_2}{C_1+C_2}=\frac{20\times30}{20+30}\mu\text{F}=12\mu\text{F}$$

则

$$Q=CU=12\times10^{-6}\times50\text{C}=6\times10^{-4}\text{C}$$

又根据

$$Q=Q_1=Q_2$$

所以

$$U_1=\frac{Q}{C_1}=\frac{6\times10^{-4}}{20\times10^{-6}}\text{V}=30\text{V}；\quad U_2=\frac{Q}{C_2}=\frac{6\times10^{-4}}{30\times10^{-6}}\text{V}=20\text{V}$$

图 3-6 例 3-1 图

【电容器并联】 把几只电容器接到两个节点之间的连接方式，称为电容器的并联，如图 3-7 所示。

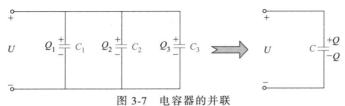

图 3-7 电容器的并联

将电容器并联能有效地增加极板的面积，由于电容量的大小与两极板间的有效面积成正比，因而总等效电容器的电容量增加了。并联电容器的总电容等于各个电容的和，即

$$C=C_1+C_2+C_3$$

电容器并联电路中，各个电容器所承受的电压相等，总电容增大。等效电容的耐压值为电路中耐压最小的电容耐压值。

例 3-2 有两只电容器，一只电容 $C_1=330\mu\text{F}$，耐压 50V，另一只电容 $C_2=330\mu\text{F}$，耐

压 25V，将两只电容器并联使用，求并联后的电容总容量和耐压值。

解：电容器并联总电容为

$$C = C_1 + C_2 = 330\mu F + 330\mu F = 660\mu F$$

电容器 C_2 耐压值较小，因而并联后电路两端所加的电压值不能超过 25V，即并联后电路的耐压值为 25V。

知识拓展

电容器参数的表示方法

固定电容器的参数表示方法主要有：直标法、字母数字混标法、数字表示法、色标法等多种。

1. 直标法

直标法就是在电容器上直接标注出标称容量、耐压等，如 $10\mu F/16V$，$2200\mu F/50V$，在电容器中应用最广泛。

2. 字母数字混标法

电容器常见字母数字混合标法见表 3-1。

表 3-1　电容器常见字母数字混合标法

表 示 方 法	标称电容量	表 示 方 法	标称电容量
P1 或 P10	0.1pF	10n	10nF
1P0	1pF	3n3	3300pF
1P2	1.2pF	μ33 或 R33	0.33μF
1m	1mF	5μ9	5.9μF

特别地，凡是零点几微法的电容器，可在数字前加上 R 来表示。

3. 数字表示法

1）不带小数点又无单位的为 pF（三位数字的除外），如"12"为 12pF，"5100"为 5100pF。

2）带小数点但无单位的为 μF，如"0.047"（或 047）为 0.047μF，"0.01"为 0.01μF。

3）三位数字表示时，前两位数字为标称容量的有效数字，第三位数字表示有效数字后面零的个数（或 $\times 10^n$），它们的单位是 pF。

如：102 表示标称容量为 $10 \times 10^2 pF = 1000pF$，221 表示标称容量为 220pF，224 表示标称容量为 $22 \times 10^4 pF$。

在这种表示法中有一个特殊情况，就是当第三位数字用"9"表示时，是用有效数字乘上 10^{-1} 来表示容量大小。如：229 表示标称容量为 $22 \times 10^{-1} pF = 2.2pF$。

4. 色标法

电容器色环颜色代表的数字同色环电阻中颜色的含义一样。读取色环时要由顶部向引脚方向读，第一、二色环表示电容的有效数字，第三环表示有效数字后零的个数，容量单位为 pF。例如：第一、二、三色环依次为棕、绿、黄，其标称容量为 $15 \times 10^4 pF = 150000pF = 0.15\mu F$。

巩固与提高

1. 填空题

（1）两只 $10\mu F$ 的电容器串联，等效电容为_____。

（2）一只 $10\mu F$ 的电容器和一只 $20\mu F$ 的电容器并联，等效电容为_____。

2. 单选题

（1）电容器最本质的特征是（　　）。

A. 电容量　　　　B. 存储电荷　　　C. 电压　　　　　D. 电流

（2）电容器的电容量越大，其储存电荷的能力（　　）。

A. 越强　　　　　B. 越弱　　　　　C. 不变　　　　　D. 无法判断

（3）一只电容为 $3\mu F$ 的电容器和一只电容为 $6\mu F$ 电容器串联，总电容为（　　）。

A. $9\mu F$　　　　B. $6\mu F$　　　　C. $3\mu F$　　　　D. $2\mu F$

（4）对平板电容器来说，其极板间的距离越小，电容量（　　）。

A. 越大　　　　　B. 越恒定　　　　C. 越小　　　　　D. 越不稳定

（5）电容器串联时，总电荷量与每个电容器上电荷量的关系为（　　）。

A. 之和　　　　　B. 相等　　　　　C. 倒数之和　　　D. 成反比

3. 判断题

（1）电容器是储能元件。　　　　　　　　　　　　　　　　　　　　（　　）

（2）电容器可以充电也可以放电。　　　　　　　　　　　　　　　　（　　）

（3）电容器串联后总容量增大。　　　　　　　　　　　　　　　　　（　　）

实训 3-1　电容器充放电电路安装

实训目标

1）会识读简单电路图；

2）会判别电解电容器的极性，并能用万用表对电容器进行质量检测；

3）能在面包板上安装电路，并能进行参数调试；

4）掌握电容器充放电的规律，了解时间常数的概念。

实训器材

MF47 型万用表一块，其余元器件见表 3-2。

表 3-2　电容器充放电电路元器件明细表

序号	名称	型号规格	功能
1	发光二极管	红色 $\phi10mm\times2$	发光
2	电容器	$330\mu F/16V$	充放电
3	拨动开关		控制电路通断
4	电阻器	色环电阻，$2.4k\Omega$	充电电阻

电工技术基础与技能　第3版

（续）

序号	名称	型号规格	功能
5	电阻器	色环电阻,100Ω	放电电阻
6	电池	1.5V×2	提供电源
7	面包板、导线	SYB-120	

实训内容

本实训分为识读电路图、电容器的识别与检测、电路安装与检测三个任务来完成。

任务一　识读电路图

图3-8所示为电容器充放电电路原理图。

该电路由3V直流电源、电阻器、电容器、发光二极管和拨动开关组成。

任务二　电容器的识别与检测

在安装之前，应先用万用表检测所用到的电阻器、电容器和发光二极管。色环电阻器、发光二极管的检测详见第2章的实训2，本任务以电解电容器为例重点学习电容器的检测。

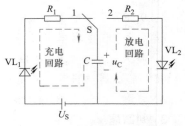

图3-8　电容器充放电电路原理图

1. 电解电容器极性判别

电解电容器具有正、负极性，使用时应使正极接高电位，负极接低电位。电解电容器常采用长短不同的引脚来表示引脚极性，长引脚为正极，短引脚为负极，即"长正短负"。此外，有时也常在电解电容器的外壳上用"−"符号标出负极性引脚位置，也有一些电解电容器在外壳上标出正引脚位置，标志是"+"。对于普通电容器，则不需要进行极性判别。

2. 电解电容器质量检测

电容器质量的好坏一般由漏电阻的大小及充电现象来判断。检测步骤如下：

1）检测电解电容器时，可将指针式万用表拨在 R×1k 档，黑表笔接电容器的正极、红表笔接电容器的负极测量其漏电阻。

2）测量前，应先将电容器的两个引脚碰一下，以便释放电容器内的残留电荷。

3）在两表笔分别与两引脚刚接触的瞬间，万用表指针向右偏转一个角度（对于同一欧姆档，容量越大，偏转角度越大），然后指针便缓慢地向左回转，最后指针停在某一位置。此时指针所指示的阻值便是该电解电容器的正向漏电阻。漏电阻越大越好，一般应接近无穷大。若电解电容器的漏电阻只有几十千欧，说明该电容器漏电严重。若测量中指针偏转到右侧后不回摆，说明电容器已击穿。

4）将红、黑表笔对调重测（测之前也应将电容器的引脚触碰一下放电），万用表指针将重复上述摆动现象。但此时所测阻值为电解电容器的反向漏电阻，此值略小于正向漏电阻，即反向漏电流比正向漏电流要大。

5）在测试中，若正向、反向均无充电现象，指针不动，则说明电容器已开路。电容器检测操作如图3-9所示。

72

用万用表检测普通电容器时量程的选择

❖ 对小于 1μF 的电容器要用 R×10k 档检测；1~47μF 间的电容器，可用 R×1k 档检测；大于 47μF 的电容器，可用 R×100 档检测。

❖ 对于不能用万用表欧姆档进行估测的小容量电容器，可采用具有测量电容器功能的数字式万用表来检测。

任务三　电路安装与检测

1. 安装电路

按照图 3-10 在面包板上安装好电路。

图 3-9　电容器检测操作

图 3-10　电容器充放电电路实物图

2. 检查电路

重点检查发光二极管和电解电容器的极性及电池正负极是否正确。

3. 通电观察

结合图 3-8 所示原理图及图 3-10 所示实物图，完成以下操作：

1）将开关拨至位置 1，观察发光二极管的点亮情况，注意亮度变化，并用示波器（具体使用方法见第 4 章操作指导 4-1）观测电容器两端的电压波形。

2）将开关拨至位置 2，观察发光二极管的熄灭情况，并用示波器观测电容器两端的电压波形。

根据示波器观测到的电容器充放电过程，画出电容器两端电压的波形，如图 3-11 所示。

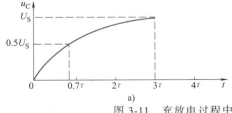 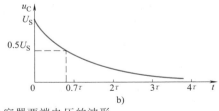

图 3-11　充放电过程中电容器两端电压的波形
a）充电波形　b）放电波形

从电压波形可以看出：充电和放电过程电容器两端的电压均按指数规律变化。

刚开始充电时，电容器 C 上无电荷，电容两端的电压 u_C 为 0V，R_1 两端电位差较大，充电电流大，u_C 上升较快且 VL$_1$ 亮度较高；随着充电的进行，电压 u_C 不断升高，R_1 两端电

73

位差下降，充电电流减小，u_C 上升变慢，VL$_1$ 逐渐变暗，直到 C 两端电压 u_C 与电源电压 U_S 相等，C 上电荷不再增加，u_C 不再上升，VL$_1$ 熄灭，充电结束。

放电过程请读者自行分析。

4. 参数调试

调整电路所用元器件的参数，观察充放电过程中发光二极管的亮灭情况。

1）更换不同容量的电容器，观察充放电进行的快慢与电容器容量的关系。

2）更换不同阻值的电阻器，观察充放电进行的快慢与电路阻值的关系。

将你认为充、放电现象比较明显的一次，电路所采用的参数记录下来，填入表 3-3 中。

表 3-3 电容充放电电路参数调试

U_S/V	R_1/Ω	R_2/Ω	$C/\mu F$

 小提示

时 间 常 数

❖ 电容器充电和放电的快慢与电路中的电阻和电容的大小成正比。电容器从电压为零开始充电到所提供电源电压的 63.2% 或从电源电压放电到其 36.8% 所需要的时间称为时间常数，用 τ 表示，$\tau = RC$。时间常数的大小反映了电容器充电和放电的快慢。

实训评价

电容器充放电电路安装的评价标准见表 3-4。

表 3-4 自评互评表

班级		姓名		学号		组 别		
项目	考核内容		配分	评分标准			自评分	互评分
元器件识别与检测	1. 色环电阻器和发光二极管的识别与检测 2. 拨动开关的识别与检测 3. 电解电容器的极性判别与质量检测		20	1. 不能正确识别与检测色环电阻器和发光二极管，扣 5~10 分 2. 不能正确识别与检测拨动开关，扣 1~5 分 3. 不能正确识别与检测电解电容器，扣 1~5 分				
电路安装与调试	1. 在面包板上正确搭接电路 2. 电路工作正常		25	1. 不能正确搭接电路，扣 5~10 分 2. 电路接点不牢固，扣 1~5 分 3. 不能正确调试，扣 5~10 分				
电路测试	1. 正确使用万用表测各元器件两端电压 2. 正确使用万用表测电路中的电流		45	1. 不能正确使用万用表测各元器件两端电压，扣 5~25 分 2. 不能正确使用万用表测电流，扣 5~20 分				
安全文明操作	1. 工具排放整齐 2. 严格遵守安全操作规程		10	1. 工作台上不整洁，扣 1~5 分 2. 违反安全文明操作规程，酌情扣 1~5 分				
合计			100					

学生交流改进总结：

教师总评及签名：

3.2　磁场与电磁感应

　　1820 年丹麦科学家奥斯特发现了"电生磁"现象，1831 年英国科学家法拉第又发现了"磁生电"现象。在电力系统中广泛应用的变压器、电动机、发电机等许多装置，都是利用磁场来实现能量转换的，在生活中广泛应用的电视机、手机、电磁炉等也是靠电磁原理来工作的。

3.2.1　磁的基本知识

1. 磁现象

　　某些物质能够吸引铁、钴、镍等物质的性质叫磁性，这些物质称为磁体（又叫磁铁）。磁铁分为天然磁铁和人造磁铁两类。常见的人造磁铁有条形磁铁、马蹄形磁铁和针形磁铁等。磁铁两端的磁性最强，磁性最强的地方称为磁极。任何磁铁都有一对磁极：一个南极，用 S 表示；一个北极，用 N 表示。无论把磁铁怎样分割，它总保持有两个异性磁极，即 N 极和 S 极总是成对出现。磁极之间存在着相互作用力，同名磁极相互排斥，异名磁极相互吸引。

2. 磁场、磁力线

　　磁体周围存在着一种特殊的物质，称为磁场。磁极之间的作用力是通过磁极周围的磁场传递的。利用磁力线可以形象地描绘磁场，常用磁力线的方向表示磁场方向，磁力线的疏密表示磁场的强弱。条形磁铁的磁力线如图 3-12 所示，在磁铁外部，磁力线从 N 极到 S 极；在磁铁内部，磁力线从 S 极到 N 极。

　　磁力线为同方向、等距离的平行线的磁场称为匀强磁场，如图 3-13 所示。

磁铁性质

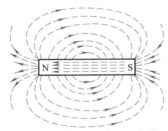

图 3-12　条形磁铁的磁力线

磁场

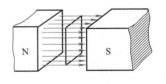

图 3-13　匀强磁场

3. 电流的磁效应

　　通电导体周围存在着磁场，这种现象称为电流的磁效应。

　　磁场方向由电流方向决定。

　　1）通电长直导线的磁场。通电长直导线的磁场方向可用右手螺旋定则（也称安培定则）来判断。

　　用右手握住导线，与四指垂直的拇指指向电流方向，弯曲四指所指的方向就是该长直导线四周的磁力线方向，即磁场方向。右手螺旋定则如图 3-14 所示。

　　通电长直导线的磁力线是垂直于该直导线平面上、以导线为中心的多个同心圆，如图 3-15 所示。

　　为了表示方便，若电流垂直纸面向里，可记为"⊗"，如同射箭时

图 3-14　右手
螺旋定则

箭头离我们远去，只能看到箭尾；若电流垂直纸面向外，可记为"⊙"，如同射箭时箭头朝着我们过来，只能看到箭头。导线的电流方向及磁场方向可用图 3-16a 表示，也可用图 3-16b 表示，这里磁力线垂直纸面向里，记为"×"，垂直纸面向外，记为"·"。

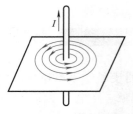

图 3-15　通电长直
导线的磁力线

通电长直导
线的磁场

2）通电螺线管的磁场。通电螺线管的磁场方向也可用右手螺旋定则来判断。

用右手握住螺线管，使弯曲四指指向电流方向，与四指垂直的拇指所指方向就是该螺线管的磁力线方向，即磁场方向，如图 3-17a 所示。

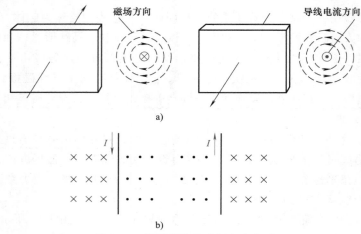

a)

图 3-16　导线电流及磁场方向表示

通电螺线管产生的磁场如图 3-17b 所示，磁力线是一些围绕线圈的闭合曲线，与条形磁铁的磁场非常相似。

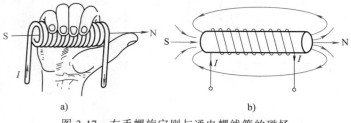

a)　　　　　　　　　　　　b)

图 3-17　右手螺旋定则与通电螺线管的磁场

a）右手螺旋定则　b）通电螺线管的磁场

通电螺线管的磁场

科学常识

奥　斯　特

　　奥斯特（1777—1851），丹麦物理学家。他发现了电流的磁效应，开辟了物理学的新领域——电磁学；最先提出了光与电磁之间存在联系的思想；对液体和气体的压缩性进行了实验研究；提炼出铝。1820 年奥斯特因电流磁效应这一杰出发现获英国皇家学会科普利奖章。

*3.2.2　磁场的基本物理量

1. 磁感应强度

用来表示某点磁场强弱的量称为磁感应强度，用字母 **B** 表示，单位为特 ［斯拉］（T）。在数值上它等于垂直于磁场的单位长度导体通以单位电流所受的电磁力，即

$$B = \frac{F}{IL} \tag{3-3}$$

磁感应强度是一个矢量（既有大小，又有方向），它的方向即为该点磁场的方向。某点磁力线的切线方向就是该点磁感应强度的方向，也是小磁针在该点北极的指向。

各点的磁感应强度大小相等、方向相同的磁场称为匀强磁场。

2. 磁通

磁感应强度反映了磁场中某一点磁场的强弱和方向，而在工程上常常要涉及某一截面上总磁场的强弱，为此引入磁通的概念。

磁感应强度 B 和与其垂直的某一截面积 S 的乘积，称为穿过该截面的磁通量，简称磁通。在匀强磁场中，磁感应强度 B 是一个常数，磁通的公式为

$$\Phi = BS \tag{3-4}$$

式中　B——磁感应强度，单位是特 ［斯拉］，符号为 T；

　　　S——截面积，单位是平方米，符号为 m^2；

　　　Φ——磁通，单位是韦 ［伯］，符号为 Wb。

式 （3-4） 可以写成

$$B = \frac{\Phi}{S} \tag{3-5}$$

式 （3-5） 说明，在匀强磁场中，磁感应强度 B 就是与磁场垂直的单位面积上的磁通，因而又称为磁通密度。

3. 磁导率

实验证明，在通电线圈中插入铁棒后，其吸引铁屑的能力会大大增强，说明介质对磁场有很大的影响。磁导率是一个用来表示介质对磁场影响的物理量，单位是亨/米 （H/m）。由实验测得，真空中的磁导率是一个常数，用 μ_0 表示。

$$\mu_0 = 4\pi \times 10^{-7} \, H/m$$

其他介质的磁导率 μ 可采用与真空磁导率 μ_0 的比值来表示，称为相对磁导率，用 μ_r 表示，即

$$\mu_r = \frac{\mu}{\mu_0} \tag{3-6}$$

μ_r 越大，介质的导磁性能越好。

根据相对磁导率的大小，可把物质分为三类：

【顺磁物质】　相对磁导率略大于 1，如空气、铝、铬、铂等。

【反磁物质】　相对磁导率略小于 1，如氢、铜等。

【铁磁物质】　相对磁导率远大于 1，可达几百甚至数万以上，且不是一个常数，如铁、钴、镍、硅钢、坡莫合金、铁氧体等。

顺磁物质与反磁物质置于磁场中，由于 $\mu_r \approx 1$，对磁场的影响不大，一般被称为非铁磁性材料。铁磁物质相对磁导率很大，放置在磁场中，可使磁感应强度增加几千甚至几万倍。在带有铁心的线圈中通入较小的电流，就可产生足够大的磁感应强度，因而铁磁物质广泛应

用在变压器、电动机、磁电系电工仪表等电工设备中。

4. 磁场强度

在不同介质中，磁感应强度不同，常常使磁场的分析变得复杂。为了简便起见，引入磁场强度，用字母 **H** 表示。磁场中某点的磁场强度等于该点磁感应强度与介质磁导率 μ 的比值，即

$$H = \frac{B}{\mu} \tag{3-7}$$

式中　B——磁场中某点的磁感应强度，单位是特〔斯拉〕，符号为 T；

　　　μ——磁场中介质的磁导率，单位是亨每米，符号为 H/m；

　　　H——磁场中该点的磁场强度，单位是安每米，符号为 A/m。

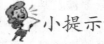 小提示

　❖ 磁场强度的大小与周围介质无关，仅与电流和空间位置有关。

　❖ 磁场强度的方向与该点的磁感应强度方向一致，可用右手螺旋定则确定。

3.2.3　磁场对通电导体的作用

磁场中的载流导体要受到磁场力的作用，这是磁场的重要特性。

1. 磁场对通电直导体的作用

通电导体在磁场中所受的作用力称为磁场力，用 **F** 表示。实验证明，当电流方向与磁场方向垂直时，载流导体所受到的磁场力最大，其大小可表示为

$$F = BIl \tag{3-8}$$

式中　B——均匀磁场的磁感应强度，单位是特〔斯拉〕，符号为 T；

　　　I——导体中的电流，单位是安〔培〕，符号为 A；

　　　l——导体在磁场中的有效长度，单位是米，符号为 m；

　　　F——导体受到的磁场力，单位是牛〔顿〕，符号为 N。

如果电流方向与磁场方向不垂直，而是有一个夹角 α，如图 3-18 所示，这时通电直导体的有效长度为 $l\sin\alpha$，磁场力 F 的计算公式变为

$$F = BIl\sin\alpha \tag{3-9}$$

通电直导体在磁场中的受力方向，可通过左手定则来判断。

伸开左手，使拇指跟其余四指垂直，让磁力线垂直穿过掌心，四指指向电流的方向，这时拇指所指的方向就是通电导体在磁场中的受力方向，如图 3-19 所示。

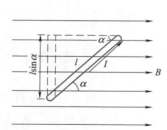

图 3-18　通电直导体在磁场中的受力情况

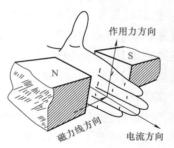

图 3-19　左手定则

例 3-3　发电厂或变电所的母线排可以看作互相平行的通电直导体，当通以相同方向的电流时，它们的受力情况怎样？

解：判断受力时，可以先用右手螺旋定则判断每个导线中产生的磁场方向，再用左手定则判断另一个电流在这个磁场中所受磁场力的方向，如图 3-20 所示。

可见，两条相距较近且相互平行的直导线，当通以相同方向的电流时，它们相互吸引。

为了使母线不致因短路时受到的巨大磁场力 F 作用而遭到破坏，母线每间隔一定间距就安装一个绝缘支柱，以平衡磁场力。

2. 磁场对通电线圈的作用

磁场对通电矩形线圈有力的作用。如图 3-21 所示，在磁感应强度为 B 的均匀磁场中，放一矩形通电线圈 abcd。已知 ab、cd 长为 l_1，bc、ad 长为 l_2。

当线圈平面与磁力线平行时，ad 和 bc 边不受力，ab 和 cd 边与磁力线垂直，受到力的作用，大小为 $F_1 = F_2 = Bl_1$。根据左手定则可知，ab 边受力 F_1 向上，cd 边受力 F_2 向下，F_1 和 F_2 构成一对力偶，这样，线圈在力矩作用下绕轴线 OO' 做顺时针方向转动。

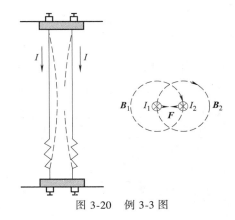

图 3-20　例 3-3 图

例 3-4　说明图 3-22 所示电动机转动原理。

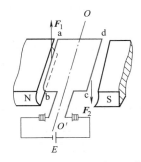

图 3-21　磁场对通电线圈的作用

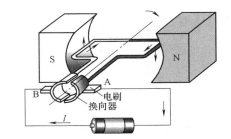

图 3-22　电动机转动原理

解：当线圈平面与磁力线平行时（图示位置），由左手定则可知，线圈在 N 极一侧的部分所受电磁力向下，在 S 极一侧的部分所受电磁力向上，线圈按顺时针方向转动，这时线圈受到的转矩最大。当线圈平面与磁力线垂直时，线圈受到转矩为零，但线圈仍靠惯性继续转动。通过换向器的作用，与电源负极相连的电刷 A 始终与转到 N 极一侧的导线相连，电流方向恒为由 A 流出线圈；与电源正极相连的电刷 B 始终与转到 S 极一侧的导线相连，电流方向恒为由 B 流入线圈。因此，线圈始终能按顺时针方向连续旋转。

3.2.4　电磁感应

电流能够产生磁场，磁场能否产生电流呢？

1. 电磁感应现象

1）直导体中的感应电动势。

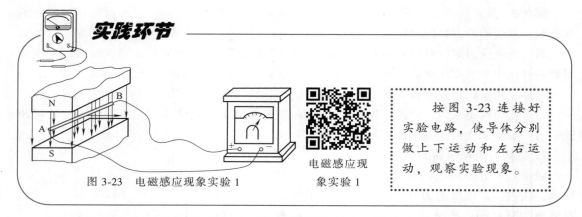

实践环节

图 3-23 电磁感应现象实验 1

电磁感应现象实验 1

按图 3-23 连接好实验电路，使导体分别做上下运动和左右运动，观察实验现象。

【实验现象】 当导体上下运动时，检流计指针不动；导体左右运动时，检流计指针摆动，且导体运动越快，指针摆动幅度越大。

【结论】 闭合回路中的一部分导体在磁场中做切割磁力线运动时，运动导体上将产生感应电动势，闭合回路中有感应电流。

2）线圈中的感应电动势。

实践环节

图 3-24 电磁感应现象实验 2

电磁感应现象实验 2

按图 3-24 连接好实验电路，永久磁铁插入或拔出通电螺线管，观察实验现象。

【实验现象】 将一条形磁铁放置在线圈中，当其静止时，检流计的指针不偏转；将它迅速地插入或拔出时，检流计的指针都会发生偏转，说明线圈中有电流；提高条形磁铁插入或拔出的速度，可以观察到检流计指针摆幅增大。

【结论】 穿过闭合回路的磁通发生变化时，回路中有感应电动势和感应电流产生。

这种由于磁场变化产生电流的现象称为**电磁感应现象**，用电磁的方法产生的电流称为感应电流，产生感应电流的电动势称为**感应电动势**。发电机、变压器、电磁炉等都是利用电磁感应原理工作的。

2. 感应电动势的方向

导体做切割磁力线运动时产生的感应电流（或感应电动势）的方向可用右手定则判定。

【右手定则】 伸开右手，让拇指与其余四指垂直，让磁力线垂直穿过手心，拇指指向导体的运动方向，四指所指的就是感应电动势（或感应电流）的方向，如图 3-25 所示。

例 3-5 如图 3-26 所示，在通有电流 I 的直导线旁边放一矩形线圈，线圈中能产生感应电流的是（　　）。

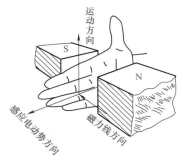

图 3-25 右手定则

图 3-26 例 3-5 图

A. 电流 I 增大时 B. 线圈向右平动时 C. 线圈向下平动时 D. 线圈绕 ad 边转动时

解：电流 I 增大，产生的磁通增大，线圈中的磁通增加，因而能产生感应电流；离导线越远处磁通越弱，线圈向右移动，线圈中的磁通减少，因而能产生感应电流；线圈绕 ad 边转动，垂直穿过线圈的磁通会发生变化，因而能产生感应电流；线圈向下平动，线圈中的磁通没有变化，因而不会产生感应电流。故正确答案应为：A B D。

3. 楞次定律

1834 年，楞次首先发现确定感应电流方向普遍适用的规律——**楞次定律**：感应电流产生的磁场总是阻碍引起感应电流的磁通量的变化。

 小提示

利用楞次定律判断感应电流的方向

❖ 确定原磁场的方向。

❖ 判明穿过闭合回路的磁通量是增加还是减少。

❖ 根据楞次定律确定感应电流磁场的方向。

❖ 利用右手定则，判定感应电流的方向。

利用楞次定律判断感应电流方向

例 3-6 分析图 3-27 所示螺线管中产生的感应电流方向。

楞次定律实验

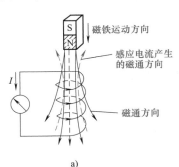

a)

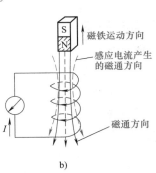

b)

图 3-27 例 3-6 图

a）插入 b）拔出

解：将条形磁铁插入线圈时，线圈中的磁通增加，将会产生感应电流。由楞次定律可知，感应电流产生的磁通要阻碍原磁通的增加，因而感应电流产生的磁通方向与磁铁产生的原磁通方向相反，再由右手定则可判断出感应电流 I 的方向，如图 3-27a 所示。拔出条形磁铁时，情况正好相反，产生的感应电流 I 的方向如图 3-27b 所示。

例 3-7 如果将一个线圈按图 3-28 所示放置在磁场中，并在磁场中做切割磁力线运动，试判断线圈中产生的感应电动势的方向。

解：应用右手定则判断感应电动势的方向，如图 3-28 所示。若将线圈中的感应电动势从线圈两端引出，我们便获得了一个交变的电压，这就是发电机的原理。

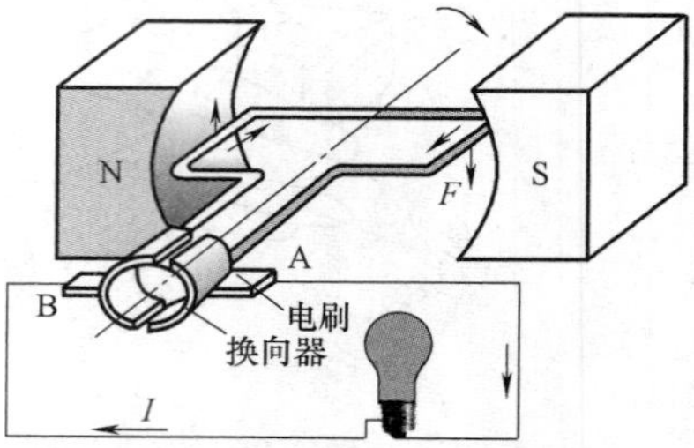

图 3-28　发电机原理

4. 电磁感应定律

电磁感应定律是英国物理学家法拉第在 1831 年发现的，是 19 世纪最伟大的发现之一，在科学史上具有划时代的意义。

在电磁感应实验中发现：当与线圈交链的磁通发生变化时，线圈中产生感应电动势的大小与线圈中的磁通变化率成正比。这个规律就是法拉第电磁感应定律。

交流发电机
工作原理

单匝线圈上的感应电动势为

$$e = -\frac{\Delta \Phi}{\Delta t} \tag{3-10}$$

对于多匝线圈，其感应电动势为

$$e = -N \frac{\Delta \Phi}{\Delta t} \tag{3-11}$$

式中　N——线圈匝数，单位是匝；

　$\dfrac{\Delta \Phi}{\Delta t}$——磁通变化率，单位是韦每秒，符号为 Wb/s；

　e——感应电动势，单位是伏［特］，符号为 V。

式（3-10）、式（3-11）中的负号，表示感应电动势的方向是阻碍磁通变化趋势的。在实际应用中，常用楞次定律来判断感应电动势的方向，而用法拉第电磁感应定律来计算感应电动势的大小。

巩固与提高

1. 填空题

（1）通电螺线管在其周围产生的磁场可用_____来判定。

（2）判断通电导体受力，用_____定则。

2. 单选题

（1）磁铁的两端磁性（　　）。

A. 最强　　　　　B. 最弱　　　　　C. 与中部一样　　　　　D. 无磁性

（2）在（　　），磁力线由 S 极指向 N 极。

A. 磁场外部　　　B. 磁体内部　　　C. 磁场两端　　　　　D. 磁场一端到另一端

（3）通电导体在磁场中所受的作用力称为电磁力，用（　　）表示。

A. F　　　　　B. B　　　　　C. I　　　　　D. L

（4）在通电导体周围产生磁场，这种现象称为电流的（　　）。

A. 磁效应　　　　B. 热效应　　　　C. 电磁感应　　　　D. 磁现象

（5）磁体周围存在着一种特殊的物质，这种物质具有力和能的特性，该物质称为（　　）。

A. 磁性　　　　B. 磁场　　　　C. 磁力　　　　D. 磁体

（6）通过线圈中的电磁感应现象知道，线圈中磁通变化越快，产生的感应电动势（　　）。

A. 越小　　　　B. 不变　　　　C. 越大　　　　D. 无法判断

（7）当导体与磁感应线间有相对切割运动时，这个导体中（　　）。

A. 一定有电流流过　　　　　　B. 一定有感应电动势产生

C. 各点电位相等　　　　　　　D. 没有电动势产生

（8）感应电动势的方向应用（　　）来确定。

A. 欧姆定律　　　　　　　　　B. 楞次定律

C. 焦耳定律　　　　　　　　　D. 法拉第电磁感应定律

3. 判断题

（1）磁铁两端的磁性最强，磁性最强的地方称为磁极。　　　　　　　　（　　）

（2）同名磁极相斥、异名磁极相吸。　　　　　　　　　　　　　　　　（　　）

（3）感应电流产生的磁通总是阻碍原磁通的变化。　　　　　　　　　　（　　）

（4）通电直导体在磁场中所受力方向，可以通过左手定则来判断。　　　（　　）

3.3　电　感

案例导入

家庭照明用的荧光灯大多采用电子镇流器（见图 3-29），打开盒盖，就会看到带有线圈的电感元件。

图 3-29　电子镇流器电路

3.3.1　电感器

收音机中的变压器、电磁炉上的扼流圈、电子产品中的电源变压器以及电感型荧光灯镇流器等都是电感器。电感器有阻碍电流变化的特性，也是一个储能元件，它能将电能转换为磁场能储存起来。

1. 电感器的分类、外形和符号

由导线绕制而成的线圈就是电感器，也称为电感线圈。电感器可分为空心和铁心两大类。常见电感器的外形如图 3-30 所示。

绕在非铁磁性材料做成的骨架上的线圈称为空心电感器，这类电感器通常绕制在陶瓷或酚醛树脂上，在高频下使用性能优良，适用于通信产品中，其符号如图 3-31a 所示；铁氧体和铁粉铁心用于制成电感量高达 200mH 的电感器，含有铁心的电感器符号如图 3-31b 所示。

实际电感器都是由导线绕制而成，而导线存在电阻，实际电感器可以用图 3-31c 来等效。

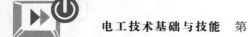

图 3-30　常见电感器的外形

a）空心电感器　b）工字磁心电感　c）磁环线圈　d）扼流圈　e）贴片电感器

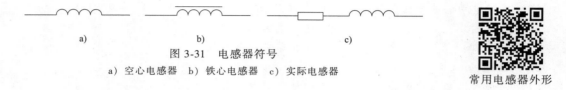

图 3-31　电感器符号

a）空心电感器　b）铁心电感器　c）实际电感器

常用电感器外形

2. 主要参数

【电感量】　电感量表示了电感器电感的大小，它与线圈的匝数、有无磁心等有关。影响电感量的主要因素为：

1）匝数。漆包线的圈数越多，电感量越大。

2）横截面积。漆包线越粗电感量越大。

3）有无磁心。有磁心的电感器电感量较大。

【额定电流】　电感器的额定电流是指电感器在正常工作时所允许通过的最大电流。使用中，电感器的实际工作电流必须小于额定电流，否则电感器将会严重发热甚至烧毁。

【品质因数】　又称为 Q 值，它表示电感器的品质，Q 值越高，说明电感器的功率损耗越小，效率越高。

【允许偏差】　电感器实际电感量与标称电感量的偏差大小，通常有三个等级：Ⅰ级（±5%）、Ⅱ级（±10%）、Ⅲ级（±20%）。

3. 电感器的检测

【直观检查】　主要是查看引脚是否断开，磁心是否松动，线圈是否发霉等。

【万用表检测】　主要用万用表检测电感器线圈是否开路。将万用表拨至 R×1 档，两支表笔分别接电感器线圈的两个引脚，通常情况下其直流电阻只有几欧姆甚至更小。对于线圈匝数较多、线径较细的电感器，其电阻值会达到几十欧或几百欧。若测得电阻很大，则表示电感器线圈已经开路。

3.3.2　自感及应用

1. 自感现象与自感电动势

线圈中通过电流时，就会产生磁通，与线圈交链的总磁通称磁链；电流的大小发生变化，穿过线圈的磁链也会相应发生变化，并在线圈中引起感应电动势。这种由于流过线圈本身的电流变化引起的电磁感应现象，称为自感现象，简称自感。这个感应电动势称为自感电动势。

为了表明各个线圈产生自感磁链的能力，将线圈的自感磁链与电流的比值称为线圈（或回路）的自感系数（或自感量），又称**电感**，用符号 L 表示，即

$$L = \frac{\Psi}{I}$$

（3-12）

可见，电感的物理意义是表明了一个线圈通入单位电流时产生自感磁链的大小，即储存磁场能量的能力。

电感（L）的单位为亨利（H），简称亨，常用的单位还有毫亨（mH）和微亨（μH），它们的换算关系为

$$1H = 10^3 mH；1mH = 10^3 μH$$

当自感 L 和线圈内介质的磁导率 μ 为常数时，根据法拉第电磁感应定律，自感电动势的大小与电感 L 和电流变化率的乘积成正比，即

$$e_L = -L \frac{\Delta i}{\Delta t} \tag{3-13}$$

式中　L——电感，单位是亨［利］，符号为 H；

$\dfrac{\Delta i}{\Delta t}$——电流变化率，单位是安每秒，符号为 A/s；

e_L——感应电动势，单位是伏［特］，符号为 V。

式中负号说明自感电动势与电流（磁通）变化的趋势相反。

❖ 直流电流通过线圈，只有在接通或断开的瞬间产生自感电动势，电流稳定后不产生。而交流电流是随时间不断变化的，所以交流电通过线圈会产生自感电动势。

❖ 在工频交流电路中，直导体甚至多匝空心线圈的自感电动势都很小，但在高频电路中，不但空心线圈的自感电动势明显，甚至一根直导体的自感量也不可忽略。

2. 自感现象的应用与危害

自感现象在电气设备和无线电技术中有着广泛的应用，荧光灯镇流器就是利用自感工作的。但是自感现象也有其不利的一面，如大型电动机定子绕组的自感系数很大，而且定子绕组中流过的电流又很大，当电路被切断的瞬间，由于电流在很短的时间内发生很大的变化，会产生很高的自感电动势，在断开处形成电弧，这不仅会烧坏开关，甚至会危及工作人员的安全。因此，切断这类电路时必须采用特制的安全开关。

3.3.3　互感及应用

1. 互感现象与互感电动势

当两个线圈相互靠近时，一个线圈的电流产生的磁通会通过另一线圈，称这两个线圈具有磁耦合关系。因此，当一个线圈内电流发生变化时，会在另一个线圈上产生感应电动势，这种现象称为互感现象。由互感产生的感应电动势称为互感电动势。

在两个有磁耦合关系的线圈中，如图 3-32 所示，互感磁链与产生此磁链的电流的比值，称为这两个线圈的互感系数，简称互感，用字母 M 表示，单位也为亨［利］（H）。互感系数取决于两个耦合线圈的几何尺寸、匝数、相对位置和磁介质等。

互感 M 的大小，与下列因素有关：

【两线圈匝数的乘积】　乘积越大 M 越大，反之 M 就越小。

【两线圈的形状和相对位置】　在方位确定的条件下，两线圈靠得越近，彼此影响越强，M 就越大。

【两线圈间磁介质】　有铁心时，同样的电流产生的磁通大，M 远远大于空心线圈。

当磁介质为非铁磁性物质时，互感是常数。

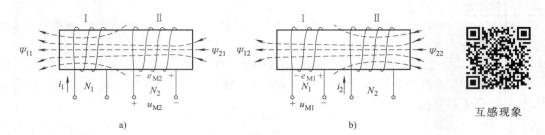

图 3-32　互感

a）线圈Ⅱ中的互感电动势　b）线圈Ⅰ中的互感电动势

2. 互感的应用

广泛应用的变压器、互感器、钳形电流表等都是根据互感原理制成的。

*3.3.4　同名端及应用

1. 同名端的概念

互感线圈两端的极性判断是互感线圈连接的前提和条件。当产生的磁通方向相同时，两个线圈的电流流入端（或流出端）称为同名端（又称同极性端），反之为异名端。电路图中常用黑点符号"·"标记。

例 3-8　电路如图 3-33 所示，试判断同名端。

解：根据同名端的定义，图 3-33a 中，从左边线圈的端点"2"通入电流，由右手螺旋定则判定磁通方向指向左边；右边两个线圈中通过的电流要产生相同方向的磁通，则电流必须从另外两个线圈的端点"4"、端点"5"流入，因此判定 2、4、5 为同名端，1、3、6 也为同名端。同理图 3-33b 中 1、4 为同名端，2、3 也为同名端。

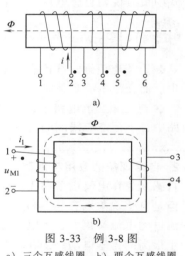

图 3-33　例 3-8 图

a）三个互感线圈　b）两个互感线圈

2. 同名端的应用

利用同名端，可以在不打开电气设备（变压器、互感器、仪表等）外壳的情况下，了解其中各线圈的绕向，为电路图的绘制和电气设备的使用带来极大的方便。

巩固与提高

1. 判断题

（1）电感器是储能元件。　　　　　　　　　　　　　　　　　　　　　　　　（　　）

（2）感应电流产生的磁通不阻碍原磁通的变化。　　　　　　　　　　　　　（　　）

（3）变压器是应用互感原理来工作的。　　　　　　　　　　　　　　　　　（　　）

（4）互感现象是一个线圈中的电流发生变化，在另一个线圈中产生的电磁感应现象。

　　　　　　　　　　　　　　　　　　　　　　　　　　　　　　　　　　　（　　）

2. 资料搜集

查阅资料，了解磁悬浮列车是如何工作的。

实训 3-2　常用电工材料与导线的连接

实训目标

1）了解常用导电材料、绝缘材料及其规格和用途；
2）会使用合适的工具对导线进行剖削、连接以及绝缘恢复。

实训器材

电工工具一套，单股、7 股铜芯导线若干，绝缘胶布若干，黄蜡带若干。

实训内容

本实训分认识常用电工材料、导线的连接工艺、导线的连接练习三个任务。

任务一　认识常用电工材料

常用电工材料包括导电材料、绝缘材料和磁性材料三类。它们在电气、电子工程中应用极为广泛。

1. 常用导电材料

导电材料大部分是金属，其特点是导电性好，有一定的机械强度，不易氧化和腐蚀，容易加工和焊接。

常见的导电材料有铜、铝、电线、电缆，电热材料等。

【铜、铝】　当前用于制作电线、电缆的金属材料是铜和铝。铜的电阻率小，延展性、可锻性、耐热性好，但蕴藏量小。铝的导电能力是铜的 64%，但同规格同长度的铝在质量上是铜的 30%，其可锻性、延展性、耐热性比铜要差，由于它蕴藏量大，所以被选作仅次于铜的电线、电缆金属材料。

【电线、电缆】　常用的电线、电缆分为裸导线、橡胶绝缘导线、聚氯乙烯绝缘电线、漆包圆铜线、低压橡套电缆等。它们的型号、名称和用途见表 3-5。

表 3-5　常用电线、电缆

大类	型号	名称	用途
电线、电缆	BV	聚氯乙烯绝缘铜芯线	交、直流 500V 及以下室内照明和动力线路的敷设，室外架空线路
	BLV	聚氯乙烯绝缘铝芯线	
	BX	铜芯橡胶绝缘导线	
	BLX	铝芯橡胶绝缘导线	
	BLXF	铝芯氯丁橡胶绝缘导线	
	LJ	裸铝绞线	室内高大厂房绝缘子配线和室外架空线
	LGJ	钢芯铝绞线	
	BVR	聚氯乙烯绝缘铜芯软线	活动不频繁场所电源连接线
	BVS	聚氯乙烯绝缘双根铜芯绞合软线	交、直流额定电压为 250V 及以下的移动式电器灯具电源连接线
	RVB	扁形无护套软线	
	BXS	棉花纺织橡胶绝缘双根铜芯绞合软线（花线）	交、直流额定电压为 250V 及以下吊灯电源连接线

（续）

大类	型　号	名　称	用　途
电线、电缆	BVV	聚氯乙烯绝缘护套铜芯线（双根或 3 根）	交、直流额定电压为 500V 及以下室内外照明和小容量动力线路敷设
	RHF	氯丁橡胶铜芯软线	250V 室内外小型电动工具电源连线
	RVZ	聚氯乙烯绝缘护套铜芯软线	交、直流额定电压为 500V 及以下移动式电器灯具电源连接线
电磁线	QZ	聚酯漆包圆铜线	耐温 130℃，用于密封的电动机、电器绕组或线圈
	QA	聚氨酯漆包圆铜线	耐温 120℃，用于电工仪表线圈或电视机线圈等高频线圈
	QF	耐冷冻剂漆包圆铜线	在氟利昂等制冷剂中工作的线圈如冰箱、空调器压缩机电动机绕组
通信电缆	HY、HE、HP、HJ、GY	H 系列及 G 系列光纤电缆	电报、电话、广播、电视、传真、数据及其他电信息的传输

【电热材料】　在工程上，电热材料主要用于制作电加热设备中的发热元件。在通电状态下，能将电能转换成热能，如电炉、电饭煲、电烤箱等电器中的发热体。它们的显著特点是在高温下有良好的抗氧化性能。

2. 绝缘材料

凡电阻率大于 $1.0×10^7 Ω·m$ 的材料称为绝缘材料。绝缘材料的主要作用是隔离带电的或不同电位的导体，以保障人身和设备的安全，在电气设备上还可用于机械支撑、固定、灭弧、散热、防潮、防虫、防辐射、耐化学腐蚀等。

3. 常用磁性材料

各种物质在外界磁场的作用下，都会呈现出不同的磁性，根据其磁性材料的特性，分为软磁材料、硬磁材料和矩磁材料。

【软磁材料】　主要特点是磁导率高，剩磁小。常用的有电工用纯铁和硅钢片两种。

【硬磁材料】　主要特点是需要较强的外磁场作用才能使其磁化，而且不易退磁，剩磁较强。常用来制造各种形状的永久磁铁和扬声器的磁钢等。

【矩磁材料】　主要特点是在很弱的外磁场作用下就能被磁化，并达到磁饱和。当撤掉外磁场后，磁性仍然保持与磁饱和状态相同。矩磁材料主要用于制造计算机中存储元件的环形磁心。

磁性材料在现代生活中已经得到广泛应用。

任务二　导线的连接工艺

电气装修工程中，导线的连接是电工基本工艺之一。导线连接的质量关系着线路和设备运行的可靠性和安全程度。对导线连接的基本要求是：电接触良好，机械强度足够，接头美观，且绝缘恢复正常。

下面从导线的剖削与连接、导线与接线柱的连接两个方面进行训练，其中导线的剖削与连接分为导线绝缘层的剖削、导线的连接、导线绝缘层的恢复三个方面。本任务中不包括对电缆线的加工处理。

1．导线的剖削与连接

（1）导线绝缘层的剖削

导线绝缘层的剖削见表 3-6。

表 3-6　导线绝缘层的剖削

剖削种类		图　示	操作工艺要求
塑料硬导线绝缘层的剖削	≤4mm² 用剥线钳剖削	剥线钳的使用	根据导线的粗细，选择相应的剥线刀口；选择好要剥线的长度，将准备好的导线放在剥线钳的刀口中间；握住剥线钳手柄，将导线夹住，缓缓用力使导线外表皮慢慢剥落，松开手柄，取出导线
	>4mm² 用电工刀剖削	a）切入手法　b）以45°倾斜切入　c）以25°倾推削　d）翻下塑料绝缘层　电工刀的使用	用刀口以 45°角倾斜切入塑料绝缘层，不可切到线芯；接着刀面与线芯保持 25°角左右向线端推削，用力向外削出一条缺口；然后将绝缘层剥离线芯，反方向扳转，用电工刀切齐
塑料软导线绝缘层的剖削		略	可用剥线钳剖削，不可用电工刀（因为易切断线芯），方法同上
塑料护套线绝缘层的剖削		a）划开护套层　b）翻起切去护套层	根据要剥线的长度，将刀尖对准两股芯线的中缝划开护套层，并将护套层向后扳翻，用电工刀齐根切去。绝缘层的剖削方法与塑料绝缘层相同
橡胶线绝缘层的剖削		编织层　橡胶绝缘层　电工刀　芯线　a）划开编织层　b）剖削橡胶绝缘层	橡胶线绝缘层外面有一层柔韧的纤维编织保护层，先用电工刀尖划开纤维编织层，并将其扳翻后齐根切去，再用剖削塑料硬线绝缘层的方法，除去橡胶绝缘层。如橡胶绝缘层内的芯线上包缠着棉纱，可将该棉纱层松开，齐根切去
花线绝缘层的剖削		略	用电工刀在所需长度的棉纱织物保护层环切一圈后拉去，再按剖削橡胶线的方法剖削

（2）导线的连接　常用的导线按芯线股数不同，有单股、7 股和 19 股等多种规格，其连接方法也各不相同，这里主要介绍单股与 7 股铜芯导线连接的工艺要求。

1）单股铜芯导线的直线连接见表 3-7。

2）单股铜芯导线的 T 形连接见表 3-8。

3）铝芯导线的螺钉压接法。螺钉压接法适用于较小负荷的单股铝芯导线的连接，连接工艺要求见表 3-9。

表 3-7　单股铜芯导线的直线连接

操作步骤	图　　示	操作工艺要求
1		绝缘层剖削长度为芯线直径的 70 倍左右,去掉氧化层;把两根线头在离绝缘层的 1/3 处呈"×"状交叉,互相绞接 2~3 圈
2		接着扳直两个线头的自由端
3		然后将每根线自由端在对边的线芯上紧密缠绕 6~8 圈,将多余的线头剪去,钳平芯线的末端

表 3-8　单股铜芯导线的 T 形连接

操作项目	图　　示	操作工艺要求
方法 1		如果导线直径较小,可按左图所示方法绕制成结状,然后再把支路芯线线头拉紧扳直,紧密地缠绕 6~8 圈后,剪去多余芯线,并钳平毛刺
方法 2		如果导线直径较大,先将支路芯线的线头与干线芯线呈十字形相交,使支路芯线根部留出 3~5mm,然后缠绕支路芯线,缠绕 6~8 圈后,用钢丝钳切去余下的芯线,并钳平芯线末端

表 3-9　螺钉压接法

操作步骤	图　　示	操作工艺要求
1		除去铝芯线的绝缘层,用钢丝刷刷去铝芯线头的铝氧化膜,并涂上中性凡士林
2		将线头插入瓷接头或熔断器、插座、开关等的接线柱上,然后旋紧压接螺钉

　　4）铝芯导线的压接管压接法。压接管压接法适用于较大负荷的多股铝芯导线的直接连接,工艺要求见表 3-10。

　　5）7 股芯线的直线连接见表 3-11。

　　6）7 股芯线的 T 形连接见表 3-12。

表 3-10 压接管压接法

操作步骤	图 示	操作工艺要求
1		将两根铝芯线头对向穿入压接管,并使线端穿出压接管 25~30mm
2		压接时第一道压坑在铝芯线头一侧,不可压反

表 3-11 7 股芯线的直线连接

操作步骤	图 示	操作工艺要求
1		先将剖去绝缘层的芯线头散开并拉直,然后把靠近绝缘层约 1/3 线段的芯线绞紧,接着把余下的 2/3 芯线分散成伞状,并将每根芯线拉直
2		把两个伞状芯线隔根对叉,并将两端芯线拉平
3		把其中一端的 7 股芯线按两根、两根、三根分成三组,把第一组两根芯线扳起,垂直于芯线紧密缠绕
4		缠绕两圈后,把余下的芯线向右拉直,把第二组的两根芯线扳直,与第一组芯线的方向一致,压着前两根扳直的芯线紧密缠绕
5		缠绕两圈后,也将余下的芯线向右扳直,把第三组的三根芯线扳直,与前两组芯线的方向一致,压着前四根扳直的芯线紧密缠绕,缠绕三圈后,切去每组多余的芯线,钳平线端
6		另一侧的制作方法与前一半完全相同

表 3-12 7 股芯线的 T 形连接

操作步骤	图 示	操作工艺要求
1		把分支芯线散开钳平,将距离绝缘层 1~8mm 处的芯线绞紧,再把支路线头 7/8 的芯线分成 4 根和 3 根两组,并排齐;然后用螺钉旋具把干线的芯线撬开分为两组,把支线中 4 根芯线的一组插入干线两组芯线之间,把支线中另外 3 根芯线放在干线芯线的前面
2		把 3 根芯线的一组在干线右边紧密缠绕 3~4 圈,钳平线端;再把 4 根芯线的一组按相反方向在干线左边紧密缠绕
3		缠绕 4~5 圈后,钳平线端

（3）导线绝缘层的恢复　接线完毕，导线连接前所破坏的绝缘层必须恢复，且恢复后的绝缘强度一般不应低于剖削前的绝缘强度。电力线上恢复线头绝缘层常用黄蜡带、涤纶薄膜带和黑胶带（黑胶布）三种材料。绝缘带宽度选 20mm 比较适宜。导线绝缘层的恢复见表 3-13。

表 3-13　导线绝缘层的恢复

操作步骤	操作示意图	操作工艺要求
1	约两根宽带	先将黄蜡带从线头的一边在完整绝缘层上离切口 40mm 处开始包缠
2	1/2　55°	使黄蜡带与导线保持 55° 的倾斜角，后一圈压叠在前一圈 1/2 的宽度上
3		黄蜡带包缠完后，将绝缘胶带接在黄蜡带尾端，朝相反方向斜叠包缠
4		仍倾斜 55°，后一圈仍压叠前一圈的 1/2

按照导线绝缘层的恢复工艺要求对连接完毕的导线进行绝缘层的恢复。

2. 导线与接线柱的连接

如果单股线芯较细，把线芯折成双根，再插入针孔。对于较大截面积的导线，需在线头装上接线端子，由接线端子与接线柱连接。导线与接线柱的连接见表 3-14。

表 3-14　导线与接线柱的连接

操作项目	图　示	操作工艺要求
线头与针孔式接线柱的连接	后压紧　先压紧　孔底　孔口　插到底	把单股导线除去绝缘层后插入合适的接线柱针孔，旋紧螺钉。对于软线芯线，需先把软线的细铜丝都绞紧，再插入针孔，孔外不能有铜丝外露，以免发生事故
线头与螺钉平压式接线柱的连接	3	对于较小截面积的单股导线，先去除导线的绝缘层，把线头按顺时针方向弯成圆环，圆环的圆心应在导线中心线的延长线上，环的内径 d 比压接螺钉外径稍大些，环尾部间隙为 3mm 左右，剪去多余线芯，把环钳平整，不扭曲。然后把制成的圆环放在接线柱上，放上垫片，把螺钉旋紧

任务三 导线的连接练习

1. 导线剖削练习

对塑料硬导线、塑料软导线、塑料护套线、橡胶绝缘线的绝缘层进行剖削练习。

1) 剖削 2.5mm^2 单股塑料铝芯导线的绝缘层。

2) 剖削 1.5mm^2 铜芯塑料护套线的绝缘层。

3) 剖削 1.5mm^2 铜芯塑料软线的绝缘层。

4) 用实训室准备的其他导线进行剖削练习。

2. 导线连接练习

进行单股导线和 7 股导线连接练习。

1) 单股铜芯导线的直接连接。

2) 单股铜芯导线的 T 形连接。

3) 7 股铜芯导线的直接连接。

4) 7 股铜芯导线的 T 形连接。

3. 导线绝缘层的恢复练习

按照导线绝缘层的恢复工艺要求，对上述连接的导线进行绝缘层的恢复。

4. 导线与接线柱的连接练习

利用单股铜芯导线制作导线羊眼圈，完成导线与螺钉平压式接线柱连接，注意压接时不要反圈。

实训评价

常用电工材料与导线的连接评价标准见表 3-15。

表 3-15 自评互评表

班级		姓名		学号		组 别	
项目	考核内容	配分	评分标准			自评分	互评分
导线绝缘层的剖削	正确剖削导线，能正确选择所用电工工具	20	剖削导线方法不正确，扣 1~20 分				
导线的连接	方法正确，连接工艺符合要求	50	1. 连接方法不正确，扣 5~20 分 2. 连接不符合工艺要求，扣 5~30 分				
导线绝缘层的恢复	方法正确	20	导线绝缘层的恢复方法不正确，扣 1~20 分				
安全文明操作	1. 工作台上工具排放整齐 2. 严格遵守安全操作规程	10	1. 操作过程中损坏导线，酌情扣 1~5 分 2. 违反安全文明操作规程，酌情扣 1~5 分				
合计		100					

学生交流改进总结：

教师总评及签名：

本 章 小 结

1）使电容器两极板带上等量异性电荷的过程叫作电容器的充电，使电容器两极板所带正负电荷中和的过程叫作电容器的放电。

2）电容器串联可以提高耐压值，电容器并联可以增加容量。

3）N 极和 S 极总是成对出现。磁极之间存在着相互作用力，同名磁极相互排斥，异名磁极相互吸引。

4）在磁力作用的空间有一种特殊的物质叫磁场。磁极之间的作用力是通过磁极周围的磁场传递的。

5）用来表示某点磁场强弱的量称为磁感应强度。磁感应强度公式为 $B = \dfrac{F}{IL}$。

6）磁感应强度 B 和与其垂直的某一截面积 S 的乘积，称为穿过该截面的磁通量，简称磁通。磁通的公式为 $\varPhi = BS$。

7）相对磁导率用 μ_r 表示，即 $\mu_r = \dfrac{\mu}{\mu_0}$。

8）磁场中某点的磁场强度等于该点磁感应强度与介质磁导率 μ 的比值，即 $H = \dfrac{B}{\mu}$。

9）闭合回路中的一部分导体在磁场中作切割磁力线运动时，运动导体上将产生感应电动势，闭合回路中有感应电流。

10）穿过闭合回路的磁通发生变化时，回路中有感应电动势和感应电流产生。

练 习 题

1. 单选题

（1）一个电容量为 $30\mu F$ 的电容器和一个电容量为 $20\mu F$ 的电容器并联，总电容为（　　）。

A. $10\mu F$ 　　　　　 B. $12\mu F$ 　　　　　 C. $50\mu F$ 　　　　　 D. $20\mu F$

（2）电容器串联可以提高（　　）。

A. 电流 　　　　　 B. 电压 　　　　　 C. 电容量 　　　　　 D. 电荷量

（3）在（　　），磁力线由 N 极指向 S 极。

A. 磁体外部 　　　 B. 磁场内部 　　　 C. 磁场两端 　　　 D. 磁场一端到另一端

（4）当线圈中的磁通减小时，感应电流产生的磁通与原磁通方向（　　）。

A. 正比 　　　　　 B. 反比 　　　　　 C. 相反 　　　　　 D. 相同

（5）磁场强度的方向和所在点的（　　）的方向一致。

A. 磁通或磁通量 　 B. 磁导率 　　　 C. 磁场强度 　　　 D. 磁感应强度

（6）磁通的单位是（　　）。

A. 麦克斯韦 　　　 B. 韦伯 　　　　 C. 瓦特 　　　　 D. 高斯

（7）对于两根平行导线来说，电流越大导线越长，距离越近则（　　）就越大。

A. 磁感应强度 　　 B. 磁场强度 　　 C. 磁动势 　　　　 D. 电磁力

（8）通电直导线周围磁场的方向，通常采用（　　　）进行判定。

A. 左手定则　　　　B. 右手定则　　　　C. 顺时针定则　　　D. 逆时针定则

2. 判断题

（1）电容器的电容量与外加电压有关。　　　　　　　　　　　　　　　　（　　　）

（2）电容器并联可以提高电容量。　　　　　　　　　　　　　　　　　　（　　　）

（3）用左手握住通电导体，让拇指指向电流方向，则弯曲四指的指向就是磁场方向。

　　　　　　　　　　　　　　　　　　　　　　　　　　　　　　　　　（　　　）

（4）在磁体外部，磁力线由 N 极指向 S 极；在磁体内部，磁力线由 S 极指向 N 极。

　　　　　　　　　　　　　　　　　　　　　　　　　　　　　　　　　（　　　）

（5）通电导体在磁场中会受到力的作用。　　　　　　　　　　　　　　　（　　　）

（6）判断导体内的感应电动势的方向时，应使用左手定则。　　　　　　　（　　　）

（7）判断通电导体在磁场中运动方向时，应使用右手定则。　　　　　　　（　　　）

（8）自感现象和互感现象属于电磁感应的不同形式。　　　　　　　　　　（　　　）

3. 综合题

如图 3-34 所示，在平行、水平的金属导轨上有两根可以自由滚动的金属棒，当它们构成的闭合回路正上方有一根条形磁铁向下运动时，两根金属棒会相互靠拢还是相互远离？

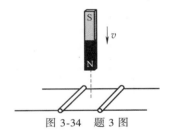

图 3-34　题 3 图

知 识 问 答

问题 1. 安检门是如何检测出金属的？

答：安检门（见图 3-35）是一种高效地检测人员有无携带金属物品的探测装置，常用于机场、车站、大型会议等人流较大的公共场所。当被检查人员从安检门通过，人身体上所携带的金属超过预先设定好的参数值时，安检门就会报警。

如果身体上携带含金属的物品，经过安检门时，安检门会发出报警声，并伴随有报警灯亮，报警灯可指示所藏物品的位置，多个地方藏有金属物品，会有多个报警灯亮。

图 3-35　安检门

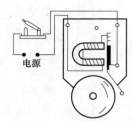

安检门是如何检测出金属的呢？安检门的工作原理是：导线沿着门框绕成线圈，金属物品通过门时产生涡流，涡流的磁场又反过来影响线圈中的电流，引起报警。

问题 2. 电铃是如何工作的？

答：电铃原理图如图 3-36 所示。通电时，电磁铁有电流通过，产生了磁性，把小锤下方的弹性片吸过来，使小锤打击电铃发出声音，同时电路断开，电磁铁失去了磁性，小锤又被弹回，电路闭合，不断重复，电铃便发出连续击打声了。

图 3-36　电铃原理图

专业英语词汇

capacitor 电容器　　inductor 电感器

left-hand rule 左手定则

right-hand rule 右手定则

第4章 单相正弦交流电路

 本章导读

知识目标

1. 掌握正弦交流电的三要素，理解正弦量的表现形式及其对应关系；
2. 理解正弦量的旋转矢量表示法，了解正弦量解析式、波形图、矢量图的相互转换；
3. 掌握纯电阻、纯电感、纯电容电路中电压与电流的关系及感抗、容抗的定义与计算方法；
4. 理解 *RL*、*RC*、*RLC* 串联电路的阻抗概念，掌握电压三角形、阻抗三角形及其应用；
5. 了解常用电光源、新型电光源及其构造和应用场合；
6. 理解电路中瞬时功率、有功功率、无功功率和视在功率的概念，理解电路的功率因数；
7. 了解提高电路功率因数的意义及方法。

技能目标

1. 能绘制荧光灯电路图，会安装荧光灯电路，能排除荧光灯电路常见故障；
2. 会用示波器观察信号波形、测量电压参数；
3. 会使用交流电压表、电流表；
4. 会安装照明电路配电板。

素养目标

1. 学会与他人沟通交流，学会倾听，乐观向上；
2. 借助说明书学习、利用信息技术，培养信息素养；
3. 保持实训场所干净整洁，工具有序摆放，培养劳动精神。

学习重点

1. 正弦交流电的三要素；
2. *RL*、*RC*、*RLC* 串联电路的分析和计算；
3. 照明电路的故障检查。

4.1　单相正弦交流电的认识

实践环节

> 两只反向并联的发光二极管（VL$_1$、VL$_2$）与电阻串联后，分别接到电池盒（输出直流6V）和信号发生器上（输出交流6V，20Hz），按图4-1连接电路，也可以用手机仿真软件"电路模拟器（Every Circuit）中文版"进行电路仿真，观察运行结果。

实验现象：

　　图4-1a中只有发光二极管VL$_2$亮，图4-1b中两个发光二极管轮流点亮。

结果分析：

　　发光二极管具有单向导电性，图4-1a中只有一只发光二极管点亮，说明干电池提供的是单方向的电流；图4-1b中两只发光二极管轮流点亮，说明6V 20Hz的交流电是方向交替变化的电流。

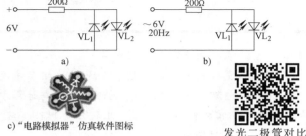

c）"电路模拟器"仿真软件图标　　　　发光二极管对比

图4-1　交流电和直流电　　　实验仿真

　　人们使用的电可分为两种：一种是直流电，这种电大小和方向都不随时间变化；另一种是交流电，这种电的大小和方向都会随着时间变化。其中交流电的最基本形式是正弦交流电，即随时间按照正弦规律变化的交流电。正弦交流电具有以下优点：1）可以通过变压器变换电压，便于电能的输送、分配，以满足不同用电户的要求；2）交流电动机比相同功率的直流电动机构造简单、造价低、便于维护；3）可以通过整流装置，将交流电变换为所需的直流电。因此，交流电在日常生产和生活的各个领域中应用非常广泛。正弦交流电也是电工学最重要的知识之一。

4.1.1　正弦交流电的基本知识

1. 交流电的定义

　　交流电是指大小和方向都随时间变化的电流、电压和电动势，常用 AC 来表示。随时间按正弦规律变化的交流电称为正弦交流电，不按正弦规律变化的交流电称为非正弦交流电。图 4-2 所示是几种常见的交流电波形，其中正弦波应用最普遍，三角波和方波主要用作电子

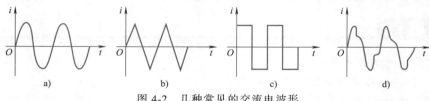

图 4-2　几种常见的交流电波形

a）正弦波　b）三角波　c）方波　d）任意交流波形

信号。

2. 正弦交流电的产生

大多数正弦交流电是由交流发电机产生的。图 4-3 所示是一个最简单的交流发电机模型。交流发电机主要由磁极和电枢（按一定规则镶嵌在硅钢片制成铁心上的多匝线圈）组成。电枢转动，而磁极不动的发电机叫作旋转电枢式发电机，这时磁极称作定子，电枢称作转子。为了使磁感应强度在转子铁心表面上按正弦规律变化，交流发电机的磁极是按特定形状制造的。

计时开始时，线圈所在位置与中性面的夹角为 ψ_0，当铁心在原动机（汽轮机或水轮机等）的拖动下以角速度 ω 旋转时，线圈切割磁力线，就会在线圈中产生按正弦规律变化的感应电动势，即

$$e = E_m \sin(\omega t + \psi_0) \tag{4-1}$$

外加负载形成闭合回路时，就会产生按正弦规律变化的电压和电流，分别为

$$u = U_m \sin(\omega t + \psi_u)$$
$$i = I_m \sin(\omega t + \psi_i)$$

图 4-4 画出了 $\psi_u = \dfrac{\pi}{3}$ 的正弦交流电波形。

正弦交流电的周期变化

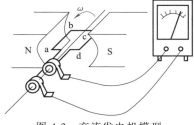

图 4-3　交流发电机模型

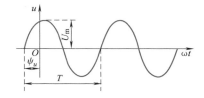

图 4-4　正弦交流电的波形

科学常识

交流电之父——尼古拉·特斯拉

特斯拉（1856—1943），是世界知名的发明家、物理学家、机械工程师和电机工程师。1882 年，他继爱迪生发明直流电后不久，发明了交流电，制造出世界上第一台交流发电机，并于 1885 年发明多相电流和多相传电技术，就是现在全世界广泛应用的 50～60Hz 传送电力的方法。1895 年，他替美国尼亚加拉发电站制造发电机组，至今该发电站仍是世界著名水电站之一。1898 年，他制造出世界上第一艘无线电遥控船，无线电遥控技术取得专利。1899 年，他发明了 X 光摄影技术。其他发明还有：收音机、雷达、传真机、真空管、霓虹灯管、飞弹导航、星球防御系统等。为了纪念他在磁学上的贡献，磁感应强度单位以"特斯拉"命名。

3. 正弦交流电的三要素

正弦交流电包含三个要素：最大值（或有效值）、周期（或频率、角频率）和初相位。

知道了这三个物理量，就可以知道正弦交流电的变化规律。

【瞬时值、最大值和有效值】

1）瞬时值。正弦交流电随时间按正弦规律变化，每一时刻所对应的值都是不同的，某一时刻的值称为该时刻的瞬时值。瞬时值通常用小写字母表示，如 e、u、i 分别表示交流电动势、交流电压、交流电流的瞬时值，其大小随时间变化。

2）最大值。交流电在一个周期内数值最大的值就是最大值，也称振幅或峰值。最大值通常用大写字母加下标 m 表示，如 E_m、U_m、I_m 分别表示交流电动势、交流电压、交流电流的最大值。

3）有效值。交流电的有效值是根据电流的热效应来规定的。让交流电和直流电分别通过相同阻值的电阻，如果在相同时间内，两个电阻产生的热量相等，就把该直流电的值称为该交流电的有效值。有效值通常用大写字母表示，如 E、U、I 分别表示交流电动势、交流电压、交流电流的有效值。

例如在同一时间内，某一交流电流通过一段电阻产生的热量，跟 4A 的直流电通过阻值相同的另一电阻产生的热量相等，那么，这一交流电流的有效值就是 4A。

4）最大值与有效值的关系。数学分析表明，正弦交流电的有效值和最大值的关系为

$$有效值 = \frac{最大值}{\sqrt{2}}$$

即

$$\left.\begin{aligned} E &= \frac{E_m}{\sqrt{2}} = 0.707E_m \\ U &= \frac{U_m}{\sqrt{2}} = 0.707U_m \\ I &= \frac{I_m}{\sqrt{2}} = 0.707I_m \end{aligned}\right\} \tag{4-2}$$

 小提示

❖ 一般情况下，我们所说的交流电压和交流电流的大小以及测量仪表所指示的电压、电流值都是指有效值。电气设备铭牌上的额定值也是有效值。

交流电的瞬时值、最大值和有效值都反映了交流电的大小。

【周期、频率、角频率】

1）周期。周期性交流电重复变化一次所需要的时间，称为周期，用 T 表示，单位为秒（s），常用的单位还有毫秒（ms）、微秒（μs）等，它们的换算关系为

$$1s = 10^3 ms；1ms = 10^3 \mu s$$

2）频率。周期性交流电在单位时间内重复变化的次数，称为频率，用 f 表示，单位为赫［兹］（Hz）。常用的单位还有千赫（kHz）、兆赫（MHz）等，它们的换算关系为

$$1MHz = 10^3 kHz；1kHz = 10^3 Hz$$

周期和频率互为倒数关系，即

$$T = \frac{1}{f} \text{ 或 } f = \frac{1}{T} \tag{4-3}$$

 小提示

❖ 我国民用工频单相正弦交流电，电压有效值一般为 220V，周期为 0.02s，频率为 50Hz。

❖ 我国电网交流电的频率为 50Hz，也有一些国家采用 60Hz。

❖ 人耳能听到的声音频率为 20Hz～20kHz；有线通信频率为 300～5000Hz；高频加热设备频率为 200～300kHz，收音机的中频频率是 465kHz，电视机的中频频率是 38MHz。

3）角频率。交流电单位时间内变化的电角度称为角频率，用 ω 表示，单位为弧度/秒（rad/s）。

角频率 ω 与周期 T、频率 f 之间的关系为

$$\omega = \frac{2\pi}{T} = 2\pi f \tag{4-4}$$

交流电的周期、频率、角频率反映了交流电变化的快慢。

例 4-1　我国供电电源的频率为 50Hz，称为工业标准频率，简称工频，试计算其周期、角频率。

解：周期 $T = \frac{1}{f} = \frac{1}{50}\text{s} = 0.02\text{s}$

角频率 $\omega = 2\pi f = 2 \times 3.14 \times 50\text{rad/s} = 314\text{rad/s}$

【相位、初相位、相位差】

1）相位。t 时刻正弦交流电所对应的电角度 $\psi = (\omega t + \psi_0)$ 称为相位。它决定交流电每一瞬间的大小。相位用弧度（rad）或度（°）表示。

2）初相位。$t = 0$ 时刻的相位称为初相位，简称初相。它反映了正弦交流电在 $t = 0$ 时瞬时值的大小。

 小提示

❖ 相位、初相位可以用弧度表示，也可以用角度表示。

❖ 弧度与角度的关系为：弧度/角度 = $2\pi/360°$。如 2π 对应 $360°$，π 对应 $180°$，$\frac{\pi}{2}$ 对应 $90°$，$\frac{\pi}{3}$ 对应 $60°$，$\frac{\pi}{4}$ 对应 $45°$，$\frac{\pi}{6}$ 对应 $30°$。

习惯上规定初相位用绝对值不超过 π 的角来表示，当初相位的绝对值大于 π 时，可采用 $\pm 2\pi$ 来实现。如初相为 $\frac{3\pi}{2}$ 可转化为 $\frac{-\pi}{2}$（即 $\frac{3\pi}{2} - 2\pi$）来表示，初相为 $\frac{-5\pi}{4}$ 可转化为 $\frac{3\pi}{4}$（即 $\frac{-5\pi}{4} + 2\pi$）来表示。

3）相位差。两个同频率的正弦交流电，任一瞬间的相位之差称为相位差，用符号 φ 表示。

设两个同频率的正弦交流电流：$i_1 = I_{m1}\sin(\omega t + \psi_1)$ 和 $i_2 = I_{m2}\sin(\omega t + \psi_2)$，二者相位差

为 $\varphi = (\omega t + \psi_1) - (\omega t + \psi_2) = \psi_1 - \psi_2$。根据相位差的不同，二者的相位关系如下：

① 超前、滞后。如果 $\varphi > 0$，则称 i_1 超前 i_2，或者说 i_2 滞后 i_1。它表明 i_1 总比 i_2 先经过对应的最大值和零值，如图 4-5a 所示。

如果 $\varphi < 0$，则 i_1 滞后 i_2，或者说 i_2 超前 i_1。它表明 i_2 比 i_1 先达到最大值和零值。

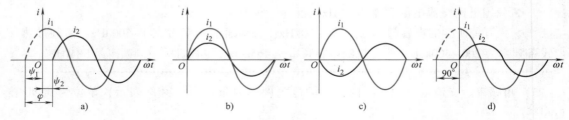

图 4-5　正弦交流电的相位关系

② 同相。如果两个正弦量的相位差 $\varphi = 0$，则称两者同相，如图 4-5b 所示。

③ 反相。如果两个正弦量的相位差 $\varphi = \pi$，则称两者为反相，如图 4-5c 所示。

④ 正交。如果两个正弦量的相位差 $\varphi = \dfrac{\pi}{2}$，则称两者为正交，如图 4-5d 所示。

小提示

❖ 只有同频率的正弦交流电才可以比较相位关系。

❖ 习惯上规定相位差用绝对值不超过 π 的角度来表示。

例 4-2　已知正弦交流电 $u = 311\sin\left(314t - \dfrac{\pi}{6}\right)$ V，试求：（1）最大值和有效值；（2）角频率、频率、周期；（3）初相位；（4）$t = 0$s 和 $t = 0.01$s 时的电压瞬时值。

解：（1）最大值 $U_m = 311$V，有效值

$$U = 0.707 U_m = 0.707 \times 311 \text{V} = 220 \text{V}$$

（2）角频率 $\omega = 314$ rad/s

频率

$$f = \frac{\omega}{2\pi} = \frac{314}{2\pi} \text{Hz} = 50 \text{Hz}$$

周期

$$T = \frac{1}{f} = \frac{1}{50} \text{s} = 0.02 \text{s}$$

（3）初相位　$\psi_0 = -\dfrac{\pi}{6}$

（4）$t = 0$s 时，$u = 311\sin\left(314 \times 0 - \dfrac{\pi}{6}\right) \text{V} = 311\sin\left(-\dfrac{\pi}{6}\right) \text{V} = -155.5 \text{V}$

$t = 0.01$s 时，$u = 311\sin\left(314 \times 0.01 - \dfrac{\pi}{6}\right) \text{V} = 311\sin\left(\dfrac{5\pi}{6}\right) \text{V} = 155.5 \text{V}$

例 4-3　已知正弦电压 $u_1 = 311\sin(314t + 120°)$ V，$u_2 = 311\sin(314t + 30°)$ V，$u_3 = 311\sin(314t - 50°)$ V，试求：u_1 与 u_2，u_2 与 u_3，u_3 与 u_1 的相位差，并说明它们之间的相

位关系。

解：u_1 与 u_2 的相位差 $\varphi_{12}=\psi_1-\psi_2=120°-30°=90°$，$u_1$ 与 u_2 正交，且 u_1 超前 u_2 90°；

u_2 与 u_3 的相位差 $\varphi_{23}=\psi_2-\psi_3=30°-(-50°)=80°$，$u_2$ 超前 u_3 80°；

u_3 与 u_1 的相位差 $\varphi_{31}=\psi_3-\psi_1=-50°-120°=-170°$，$u_3$ 滞后 u_1 170°。

4. 正弦交流电的表示法

【解析式】　表达交流电随时间变化规律的数学表达式称为解析式，正弦交流电动势、电压、电流的一般解析式为

$$e=E_m\sin(\omega t+\psi_e)$$
$$u=U_m\sin(\omega t+\psi_u)$$
$$i=I_m\sin(\omega t+\psi_i)$$

(4-5)

式中　E_m、U_m、I_m——正弦量的最大值或幅值；

ω——角频率；

ψ_e、ψ_u、ψ_i——初相位。

例 4-4　已知某正弦交流电压的最大值是 10V，角频率为 628rad/s，初相位是 30°，求该正弦交流电压的瞬时值表达式。

解：$u=U_m\sin(\omega t+\psi_u)=10\sin(628t+30°)$ V

【波形图】　描述电动势（或电压、电流）随时间变化规律的曲线称为波形图，图 4-4 是正弦交流电 $u=U_m\sin(\omega t+\psi_u)$ 的波形。

解析式和波形图都可以比较直观地表达正弦交流电的特征和变化规律，但是在对正弦量进行加、减运算时这两种方法都非常麻烦，为此，引入了旋转矢量表示法。

科学常识

赫　兹

赫兹（1857—1894），德国物理学家，生于汉堡。赫兹用实验证实了电磁波的存在，确认了电磁波是横波，具有与光类似的反射、折射、衍射等特性，同时证实了在直线传播时，电磁波的传播速度与光速相同，他还发现了光电效应。赫兹实验不仅证实麦克斯韦的电磁理论，更为无线电、电视和雷达的发展找到了途径。为了纪念他的功绩，人们用他的姓氏来命名各种波动频率的单位，简称"赫"。

4.1.2　旋转矢量表示法

常用的正弦交流电的表示方法有解析式表示法、波形图表示法和旋转矢量表示法。无论采用何种表示方法，都必须将正弦交流电的三要素表示出来。在交流电路中，为了简化分析计算，常用旋转矢量表示法。

【旋转矢量与正弦交流电】　如图 4-6a 所示，在平面直角坐标系中，以坐标原点 O 为端点作一条有向线段，线段的长度等于正弦交流电的最大值 I_m，它的起始位置与 x 轴正方向的夹角为正弦交流电的初相位 ψ_0，该有向线段以正弦交流电的角频率 ω 为角速度，绕原点 O 以逆时针方向匀速旋转。这样，旋转矢量在任意一瞬间与横坐标的夹角等于正弦交流电的

相位 $\omega t_1 + \psi_0$，在纵坐标上的投影即等于该时刻正弦交流电的瞬时值。

可见旋转矢量和正弦交流电波形图有一一对应的关系，即旋转矢量可以完全反映交流电的三要素。这个旋转矢量在电学称为相量。

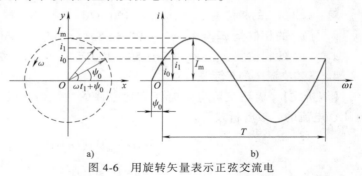

图 4-6 用旋转矢量表示正弦交流电

相量用大写英文字母头上加点表示，若有向线段的长度（相量的模）等于正弦交流电的最大值，则称为最大值相量，用 $\dot{I}_m$、$\dot{U}_m$、$\dot{E}_m$ 来表示。若相量的模等于正弦交流电的有效值，则称为有效值相量，用 $\dot{I}$、$\dot{E}$、$\dot{U}$ 来表示。为了使相量表示更加简洁，关系更加明确，坐标可以不画出，如图 4-7 所示。

例 4-5 将正弦交流电 $u = 10\sqrt{2}\sin(314t + 45°)$ V 和 $i = 5\sqrt{2}\sin(314t - 60°)$ A 用有效值相量表示。

解：u、i 的有效值分别为 $U = 10\text{V}$、$I = 5\text{A}$，初相位分别为 $\psi_u = 45°$、$\psi_i = -60°$。有效值相量如图 4-8 所示。

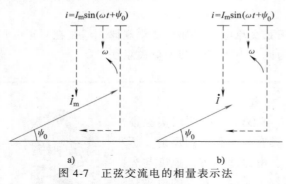

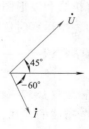

图 4-7 正弦交流电的相量表示法
a）最大值相量 b）有效值相量

图 4-8 例 4-5 相量图

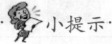 小提示

❖ 只有同频率正弦量的相量才能画在同一个相量图中。
❖ 相量的加、减运算可以按平行四边形法则进行。

【同频率正弦量的相量运算】 同频率的正弦交流量相加，其和仍为同频率正弦交流量。它们的加、减运算可以按平行四边形法则进行，步骤如下：

1）作基准线 x 轴（通常省略不画），确定比例单位；
2）作出正弦交流电相对应的相量；
3）根据相量的平行四边形法则作图，求出和相量；

4）根据得到的和相量的长度及和相量与 x 轴的夹角，就是所得正弦量的最大值（或有效值）和初相位 ψ_0，写出表达式。

例 4-6　已知 $i_1 = 4\sqrt{2}\sin(314t + 30°)\,\mathrm{A}$，$i_2 = 3\sqrt{2}\sin(314t + 120°)\,\mathrm{A}$，求 $i = i_1 + i_2$。

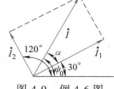

解：先画出两电流的有效值相量如图 4-9 所示，两者相位差 $\varphi = \psi_1 - \psi_2 = -90°$，根据平行四边形法则作图，两电流叠加后得到和相量 $\dot{I}$。

图 4-9　例 4-6 图

$$I = \sqrt{I_1{}^2 + I_2{}^2} = \sqrt{4^2 + 3^2}\,\mathrm{A} = 5\mathrm{A}$$

$$\tan\alpha = \frac{I_2}{I_1} = \frac{3}{4},\ \alpha = 36.9°$$

i 的初相位 $\psi_0 = 30° + 36.9° = 66.9°$

电流 i 的表达式为

$$i = i_1 + i_2 = 5\sqrt{2}\sin(314t + 66.9°)\,\mathrm{A}$$

小技巧

两个正弦交流电相减计算

❖ 两个正弦交流电进行相减计算时，可以采用一个相量与另一个相量的逆相量相加的方法，即将减数相量旋转 $180°$ 后再与被减数相量相加。

【正弦交流电三种表示法的相互转换】　解析式、波形图和旋转矢量三种表示法可以相互转换。

例 4-7　观察图 4-10 所示正弦交流电波形图。（1）写出正弦交流电解析式。（2）画出最大值相量图。

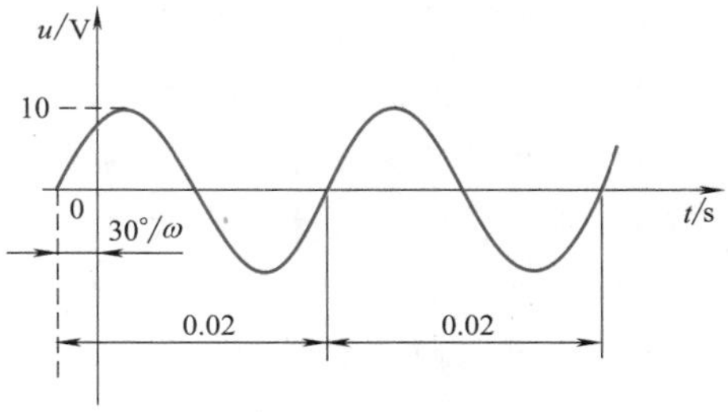

解：（1）由图 4-10 可知，$U_m = 10\mathrm{V}$，$\psi_u = 30°$，$T = 0.02\mathrm{s}$，则

图 4-10　例 4-7 波形图

$$\omega = \frac{2\pi}{T} = \frac{2\pi}{0.02}\,\mathrm{rad/s} = 314\mathrm{rad/s}$$

将三要素代入正弦交流电解析式 $u = U_m\sin(\omega t + \psi_u)$ 中，可得

$$u = 10\sin(314t + 30°)\,\mathrm{V}$$

（2）最大值相量图如图 4-11 所示。

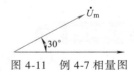

图 4-11　例 4-7 相量图

巩固与提高

1. 填空题

（1）我国工频交流电的频率为 ＿＿＿＿ Hz，周期为 ＿＿＿＿ s。

（2）正弦交流电的三要素是 ＿＿＿＿＿＿＿＿、＿＿＿＿＿＿＿＿ 和 ＿＿＿＿＿＿＿＿。

（3）已知一正弦交流电 $i = 311\sin(314t + 30°)\,\mathrm{A}$，则该交流电的最大值为 ＿＿＿＿，角频率为 ＿＿＿＿，初相位为 ＿＿＿＿。

（4）已知 $u = 220\sin(314t + \pi/3)$ V，则该交流电压的频率 f = _____ Hz，周期 T = _____ s，电压初相位 ψ_u = _____ rad。

（5）周期 $T = 0.02$s、最大值为 50V、初相位为 60° 的正弦交流电压 u 的解析式为 _____。

（6）已知两个正弦交流电流 $i_1 = 10\sin(314t - 30°)$A，$i_2 = 310\sin(314t + 90°)$A，则 i_1 和 i_2 的相位差为 _____，i_1 _____ i_2（超前/滞后）。

（7）某正弦交流电波形图如图 4-12 所示，则 ψ_u = _____，最大值 U_m = _____ V，周期 T = _____ s，角频率 ω = _____ rad/s。该波形对应的解析式为 _____。

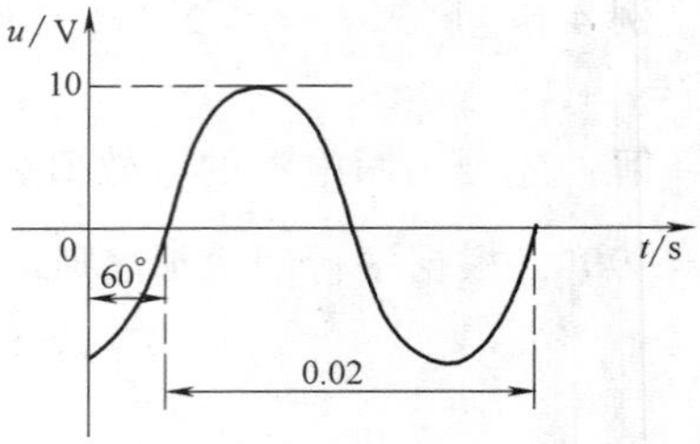

图 4-12　题 1（7）图

2. 单选题

（1）在测量正弦交流电压时，万用表的读数是（　　）。

A. 最大值　　　B. 有效值　　　C. 瞬时值　　　D. 平均值

（2）我国使用的工频交流电频率为（　　）。

A. 45Hz　　　B. 50Hz　　　C. 60Hz　　　D. 65Hz

（3）两个同频率正弦交流电的相位差等于 180° 时，它们的相位关系是（　　）。

A. 同相　　　B. 反相　　　C. 相等　　　D. 正交

（4）旋转矢量表示法只适用于（　　）的正弦交流电的加减。

A. 相同初相位　　B. 不同初相位　　C. 相同频率

3. 判断题

（1）正弦交流电中的角频率就是交流电的频率。　　　　　　　　（　　）

（2）市电 220V 指交流电的有效值。　　　　　　　　　　　　　（　　）

（3）最大值就是正弦交流电的最大瞬时值。　　　　　　　　　　（　　）

（4）正弦量的三要素是最大值、频率和相位。　　　　　　　　　（　　）

（5）频率为 50Hz 的正弦交流电，其周期为 0.02s。　　　　　　（　　）

（6）交流电频率和周期互为倒数。　　　　　　　　　　　　　　（　　）

实训 4-1　观测交流电

实训目标

1）会用试电笔判断单相插座是否带电；

2）会用万用表测量交流电压；

3）会使用函数信号发生器；

4）会用示波器观测正弦交流电的波形；

5）了解正弦交流电波形的特点。

实训器材

MF47 型万用表一块、试电笔一支、YB43020B 型双踪示波器一台、函数信号发生器一台。

实训内容

在本实训项目的任务一中用试电笔检测单相插座交流电的有无，用万用表检测单相插座交流电压的大小；在任务二中通过示波器观测交流电的波形，从而对我们日常生活中使用的交流电有整体认识。

任务一　单相插座电压检测

单相插座为家用电器提供单相交流电源。常见的插座外形如图 4-13 所示。

图 4-13　常见插座外形

【检测室内电源板插座】　对电源板插座进行检测，可以先用试电笔检测，看是否有电，试电笔使用注意事项详见第 1 章，检测方法如图 4-14a 所示。需要查看电压是否正常，要用万用表交流电压档检测插座电压，如图 4-14b 所示。测量步骤如下：

1）选择交流电压档的 250V 量程。

2）正确插入表笔。

3）测量读数，读数方法与测直流电压时相同。万用表测得的读数为交流电压的有效值。

 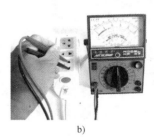

a)　　　　　　　　　　b)

图 4-14　检测电源板插座

a）试电笔检测　b）万用表测量

4）归档。测量完毕将转换开关拨至万用表的空档或交流电压最高档。

 小提示

万用表测交流电压注意事项

❖ 交流电压档标志是"⊻"，刻度线标志是"⊻"。

❖ 测量电压时，万用表与被测量并联连接。

❖ 测试过程中手不能触摸表笔的金属部分。

❖ 不能带电转换量程。

【检测墙上插座】　如检测到电源板插座上均无电压，再检测墙上的插座是否有电。检测方法同室内电源板插座的检测。

任务二　用示波器观测交流电的波形

示波器是一种常用的电子测量仪器，利用示波器能够直接观察电压、电流的波形，并可以测量波形的幅值、频率等。在电子设备维修中，用示波器测量关键点信号波形，可确定故障范围，快速找到故障点，因此示波器在手机、电视机等电子设备维修中得到了广泛应用。
下面以 YB43020B 型双踪示波器为例，介绍示波器的使用方法。

1. 测量前的准备

【认识示波器操作面板】　YB43020B 型双踪示波器如图 4-15 所示，面板分显示屏和操作面板两部分。各控制件作用见表 4-1。

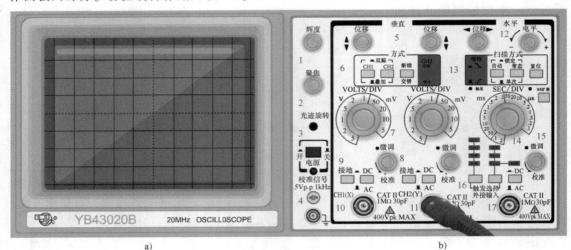

图 4-15　YB43020B 型双踪示波器

a）显示屏　b）操作面板

表 4-1　YB43020B 型双踪示波器各控制件作用

序号	控制件名称	功　　能
1	辉度旋钮	调节显示波形的亮度
2	聚焦旋钮	调节显示波形的清晰度
3	电源开关	电源开关按键
4	校准信号输出	输出幅度为 0.5V，频率为 1kHz 的方波信号
5	垂直位移	调节显示波形的垂直位置
6	垂直方式	选择垂直系统的工作方式，包括 CH1、CH2、交替、断续、叠加、CH2 反相、常态
7	灵敏度选择开关（VOLTS/DIV）	5mV/div～5V/div 分 10 个档级调整，可根据被测信号的电压幅度选择合适的档级
8	灵敏度微调	CH1 或 CH2 幅度校准微调旋钮。用以连续调节垂直轴偏转系数，调节范围≥2.5 倍，该旋钮逆时针旋足时为校准位置，此时可根据"VOLTS/DIV"开关度盘位置和屏幕显示幅度读取该信号的电压值
9	耦合方式选择	"AC"表示信号通过电容器隔离直流后接入，"DC"表示信号直接接入，"接地"表示直接接地
10	CH1（X）输入	CH1 的垂直输入端，在 X-Y 模式下，为 X 轴的信号输入端
11	CH2（Y）输入	CH2 的垂直输入端，在 X-Y 模式下，为 Y 轴的信号输入端
12	水平位移	调节显示波形在水平方向的位置
13	扫描方式选择	"自动"：一旦有触发信号输入，电路自动转换为触发扫描状态，调节电平可使波形稳定显示在屏幕上，此方式适合观察频率为 50Hz 以上的信号 "常态"：无信号输入时，屏幕上无光迹显示；有信号输入，且触发电平旋钮在合适位置上时，电路被触发扫描。当被测信号频率低于 50Hz 时，必须选择该方式 "锁定"：仪器工作在锁定状态后，无需调节电平即可使波形稳定地显示在屏幕上 "单次"：按动复位键，电路工作在单次扫描方式
14	扫描速率选择开关（SEC/DIV）	根据被测信号的频率高低，选择合适的档级。当扫描"微调"置校准位置时，可根据开关度盘的位置和波形在水平轴的距离读出被测信号的时间参数

（续）

序号	控制件名称	功　能
15	扫描速率微调	扫描速率微调旋钮
16	触发选择	"CH1"表示 CH1 通道的输入信号为触发信号，"CH2"表示 CH2 通道的输入信号为触发信号，"交替"表示两路信号交替显示，"外接"表示触发信号来自于外接输入端口
17	外接输入	外接输入端口

【调整示波器显示】

1）接通示波器的电源，电源指示灯点亮，在屏幕上出现一条横直线波形。若横线不在刻度 0 处，调节垂直位移，使横线移动到刻度 0 处。

2）调整聚焦旋钮，使横线清晰显示；调整辉度旋钮，使横线亮度适中。

【校正示波器】

1）初始设置：垂直方式选择"CH1"，扫描方式选择"自动"，将耦合方式调整为"DC"。

2）示波器调整合适后，将校准信号（峰-峰值为 0.5V、频率为 1kHz 的方波信号）从示波器 CH1 输入。

3）调整灵敏度选择开关与扫描速率选择开关，屏幕显示如图 4-16a 所示，将刻度记录下来，计算出测量的电压值和频率，与校准电压和频率进行对比，然后调节校正示波器。

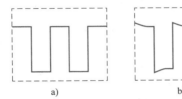 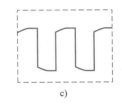

a)　　　　b)　　　　c)

图 4-16　校正波形

如果校准信号显示的波形出现过冲（见图 4-16b）、倾斜（见图 4-16c）等现象，则需要调节探极上的调整元件，如图 4-17 所示。

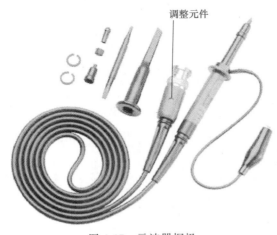

图 4-17　示波器探极

4）将探极换到 CH2 输入插座。垂直方式选择"CH2"，内触发源选择"CH2"，重复步骤 3），使显示方波波形与图 4-16a 相符。

2. 用示波器观测交流电的波形

【测量插座上交流电的幅值和周期】　调整示波器，使屏幕上出现 1~2 个完整的正弦波形；测出交流电压的峰-峰值、周期，计算出波形的最大值和频率，填入表 4-2 中。

表 4-2　测插座上的正弦交流电

VOLTS/DIV	峰-峰值格数	探极衰减开关位置	最大值/V	TIME/DIV	波形周期格数	水平扩展倍数	周期/s	频率/Hz

【测量低频正弦信号】　调整低频信号发生器，使其输出已知频率和电压的正弦信号，用示波器观察输出信号波形，并测量、计算电压（峰-峰值）、周期、频率，并将结果填入表 4-3 中。

表 4-3　测量低频正弦信号

输入信号	VOLTS/DIV	峰-峰值格数	TIME/DIV	波形周期格数	水平扩展格数	最大值/V	周期/s	频率/Hz
$f=$ $u=$								
$f=$ $u=$								

实训评价

观测交流电的评价标准见表 4-4。

表 4-4　自评互评表

班级		姓名		学号		组别		
项目	考核内容		配分	评分标准			自评分	互评分
学习控制件的作用	正确识别各控制件的作用		20	识别各控制件的作用，每错一处，扣 1~3 分				
测量前的准备	1. 测量前调整各有关控制件的正确位置 2. 正确校正标准信号		20	1. 测量前有关控制件的位置每错一处，扣 1~2 分 2. 不能正确校正标准信号，扣 5~10 分				
测量信号	1. 测量信号峰-峰值 2. 测量信号频率		50	1. 不会正确测量信号峰-峰值，扣 5~25 分 2. 不会正确测量信号频率，扣 5~25 分				
安全文明操作	1. 工作台上工具排放整齐 2. 严格遵守安全操作规程		10	1. 工作台上不整洁，扣 1~5 分 2. 违反安全文明操作规程，酌情扣 1~5 分				
合计			100					

学生交流改进总结

_____

教师总评及签名：

_____

操作指导 4-1　用示波器观测波形

利用示波器能够直接观察电压、电流的波形，并可以测量波形的幅值、频率等。不同的示波器虽然各旋钮位置、功能不尽相同，但使用方法却基本一致。下面以 YB43020B 型双踪示波器为例说明示波器的使用方法。

1. 示波器的组成

一般示波器主要由 Y 轴偏转系统、X 轴偏转系统、显示系统和电源系统四部分组成。Y 轴偏转系统包括 Y 放大电路；X 轴偏转系统包括触发电路、同步电路、扫描电路和 X 放大电路；显示系统包括电子束形成和控制电路及示波管。示波管是示波器中的显示部件，它是在一个抽成真空的玻璃泡中装上各种电极组成的，包括电子枪、偏转板及荧光屏三个主要部分。

2. 探头的使用

使用示波器观测信号波形时，由于信号源受到测试负载的影响，在测量时会产生一定的误差，为减小这种误差，可使用探头将两者相互隔离。10∶1 探头的分压器可进行 10∶1 衰减，以便测量幅度较大的信号，其测量值应取 "VOLTS/DIV" 刻度指示值的 10 倍。探头的输入信号最大幅度应小于仪器最大输入电压。使用探头测量快速变化的波形时，接地点应选择在被测点附近连接。

3. 测量电压、频率和相位

【电压测量】　测量时，应将灵敏度选择开关 "VOLTS/DIV" 的 "微调" 旋钮顺时针转至满度 "校准" 位置，这样仍可以按 "VOLTS/DIV" 的指示值直接计算被测信号的电压值。

测量交流电压时，耦合方式选择 "AC"，以显示被测波形的交流成分。如交流频率很低时，应将耦合方式选择 "DC"。

用灵敏度选择开关 "VOLTS/DIV" 将被测波形控制在屏幕有效工作面积范围内，读取其峰-峰值之间的间距 H（格数），如图 4-18 所示，并根据式（4-6）求出被测交流电压值峰值 $U_{\text{p-p}}$。

$$U_{\text{p-p}} = Hu \tag{4-6}$$

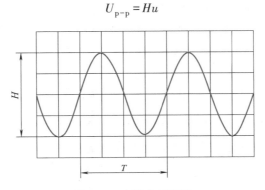

图 4-18　交流电压测量

这里 u 为 "VOLTS/DIV" 刻度指示值。

若使用探头，则

$$U_{p-p} = 10Hu$$

【频率测量】 对于任何周期信号，可按测时间间隔的方法先测出其周期 T（格数），再根据 $f = 1/T$ 计算其频率。在图 4-18 中，T 为 4DIV，"SEC/DIV" 开关置于 "1μs/DIV" 位置，"微调" 置于 "校准" 位置，则其周期和频率计算如下：

$$T = 1μs/DIV × 4DIV = 4μs$$

$$f = 1/(4μs) = 250kHz$$

【相位测量】 双踪显示可以用于比较和测量两个相同频率信号的相位关系。

测量时，将相位超前的信号接入 CH2 通道，相位滞后的信号接入 CH1 通道，选用 CH2 触发。调节 "SEC/DIV" 开关，使被测波形的一个周期在水平标尺上准确地占满 8DIV，这时，一个周期的相角 360° 被 8 等分，每一DIV 相当于 45°，读出两信号波形相应两点的距离 D，如图 4-19 所示，则相位差计算如下

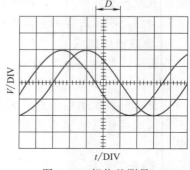

图 4-19　相位差测量

$$φ = (45°/DIV) × D = (45°/DIV) × 1.5DIV = 67.5°$$

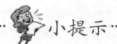

示波器的使用注意事项

❖ 输入端不应馈入过高电压。

❖ 显示光点的辉度适中，不宜过亮，且光点不应长期停留在一点上，以免损坏荧光屏。

❖ 各控制件转换时，不要用力过猛。

示波器的调整操作

操作指导 4-2　函数信号发生器的使用

函数信号发生器是一种多用途的仪器，一般能够输出正弦波、矩形波、尖脉冲、TTL 电平等波形，有的还能输出单次脉冲或作为频率计来使用（用来测量外输入信号的频率）。下面以 SG1651P 型函数信号发生器为例说明其使用方法。

1. 外形及面板

SG1651P 型函数信号发生器如图 4-20 所示，面板主要功能见表 4-5。

表 4-5　SG1651P 型函数信号发生器面板主要功能

序号	名称	作用
1	电源开关	接通和关闭电源
2	频率调节旋钮	调节信号频率
3	波形选择开关	选择信号波形，包括正弦波、三角波、方波
4	TTL 输出	输出波形为 TTL 脉冲，可做同步信号
5	信号输出	主信号波形由此输出，阻抗为 50Ω
6	功率输出	可直接连接低阻抗负载，例如电动式扬声器

（续）

序号	名称	作用
7	衰减	衰减信号
8	峰值显示	显示输出信号电压峰-峰值
9	幅度调节旋钮	调节信号幅度
10	直流偏置调节旋钮	调节直流偏置
11	脉宽调节旋钮	调节占空比
12	频率选择开关	选择频段
13	频率显示	显示输出信号频率值

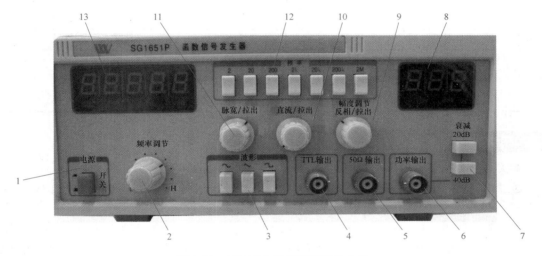

图 4-20　SG1651P 型函数信号发生器

2. 使用方法

下面以设置 1kHz、幅值为 1V 的正弦波为例说明调整过程。

1) 打开函数发生器电源开关。

2) 按下波形选择开关，选择需要的波形，本例选择正弦波。

3) 用频率选择开关粗调频率，本例选择 2k 档。

4) 用频率调节旋钮微调频率，显示 1kHz 的频率。

5) 用幅度调节旋钮调节输出波形的幅值，使其峰值显示为 2V。

6) 利用直流偏置调节旋钮改变信号直流偏移量。

实训 4-2　插座与简单照明电路的安装

实训目标

1) 能利用电工工具对导线进行绝缘层的剖削和绝缘层的恢复；

2) 会安装单相插座；

3）会用万用表检测开关、白炽灯的好坏；

4）能识读电路图，会按图安装调试简单照明电路。

实训器材

电工工具一套、MF47型万用表一块，其余元器件见表4-6。

表4-6 元器件清单

序 号	名 称	型号规格	数 量
1	断路器	带剩余电流保护	1只
2	灯头座及 螺口灯头	平装灯头座 220V白炽灯或节能灯自定	1套
3	开关	单联单控	1只
4	插座	单相三孔插座	1只
5	铜线	BVR 1.5mm^2	若干
6	自攻螺钉	ϕ4mm×18mm	若干
7	实训用配电板	建议800mm×600mm	1块

实训内容

本实训分为插座及单灯单控电路安装、两控一照明电路安装两个任务。

通过本实训，学会开关插座等简单照明线路的敷设、电气安装、接线和调试电路。

任务一 插座及单灯单控电路安装

在照明电路中，用一只开关来控制一盏灯或一组灯的照明电路称为单灯单控照明电路，它是应用最广泛的一种照明电路。在家庭用电中，电冰箱、电视机、洗衣机、电磁炉等都是通过插座来连接电源的。

1. 识读电路图

图4-21所示为插座及单灯单控电路图。

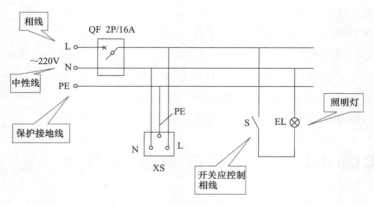

图4-21 插座及单灯单控电路图

该电路由断路器QF（带剩余电流保护）、插座XS（单相三孔插座）、开关S、白炽灯EL及若干导线组成。合断路器QF，插座接入单相交流电，为用电器提供单相电源。再合上开关 S，220V 交流电压将通过电源线、开关加在白炽灯两端，灯亮。

！注意： 实际生产中，每套住宅的空调器及其他电源插座与照明系统应分开，每路均由独立的断路器控制。

2. 元器件认识与检测

【开关】 开关是接通或断开照明灯具的器件，与被控照明电器相串联，用来控制电路的通断。按安装形式分为明装式和暗装式：明装式有拉线开关和扳把开关（又称平头开关），暗装式有跷板式开关和触碰式开关。按结构不同分为单联开关、双联开关、单控开关、双控开关和旋转开关等。家庭装潢中普遍使用的单控开关外形和接线如图 4-22 所示。

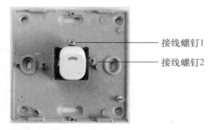

接线螺钉1
接线螺钉2

图 4-22 单控开关外形和接线

安装、接线要求：开关一定要接在相线上。明装时通常应装在符合规定的塑料接线盒内，塑料接线盒用螺钉固定在安装板上。

！注意： 工程实际中，开关一般安装在门边便于操作的位置，跷板式暗装开关接线盒安装时，<u>应先钻孔塞入塑料膨胀螺栓</u>，<u>然后用螺钉固定</u>，<u>一般距地 1.3m</u>，<u>距门框 150~200mm</u>。

【灯头及灯座】 生活照明常用白炽灯和节能灯。白炽灯由灯丝、玻璃外壳和灯头三部分组成。它是利用电流通过灯丝电阻的热效应，将电能转换成光能和热能。灯泡通电后，灯丝在高电阻作用下迅速发热发红，直到白炽程度而发光，白炽灯由此得名。

白炽灯泡有插口和螺口两种形式，外形结构如图 4-23a、b 所示。灯泡内的灯丝由绕成螺旋式的钨丝制成。40W 以下的灯泡内部抽成真空；40W 以上的灯泡在内部抽成真空后充有少量氩气或氮气等气体，以减少钨丝氧化挥发，延长灯泡使用寿命。白炽灯结构简单、安装方便、价格低廉，但其发光效率较低、使用寿命短，有条件的学校应尽量采用节能灯。

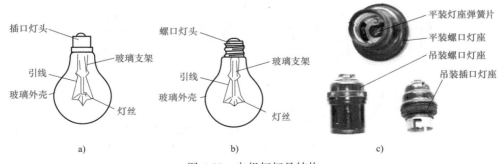

图 4-23 白炽灯灯具结构

a）插口灯头 b）螺口灯头 c）螺口灯座和插口灯座

灯座是用来固定灯头的。按结构不同有插口式和螺口式两种，如图 4-23c 所示；按其用途不同有普通型、防水型、安全型和多用型；按其安装方式有吊装式、平装式和管装式。

灯座安装、接线时应注意：

1）平装螺口灯座安装时，先拧下螺口外壳，让导线从灯座底部穿入，并将来自开关的电源相线接到中心弹簧片的接线螺钉上，中性线接另一螺钉。

2）吊装插口灯座必须用两根绞合的花线作为与挂线盒的连接线，吊装灯座安装步骤如下：

① 将两端线头绝缘层剥去。

② 将上端塑料软线穿入挂线盒盖孔内打个结，使其能承受吊灯的重量。

③ 把软线上端两个线头分别穿入挂线盒底座凸起部分的两个侧孔里，再分别接到两个接线桩上，罩上挂线盒盖。

④ 将下端塑料软线穿入吊装灯座盖孔内也打一个结，把两个线头接到吊装灯座上的两个接线桩上，罩上盖子即可。安装方法如图 4-24 所示。

【插座】 插座是专为移动照明电器、家用电器和其他用电设备提供电源的，它的种类很多，按安装位置分为明装插座和暗装插座；按电源相数分，有单相插座和三相插座；按基本结构分为单相两孔插座、单相三孔插座、三相四孔插座等。

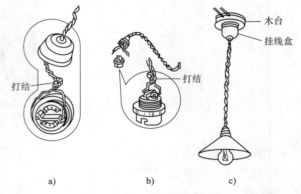

图 4-24 吊装灯座的安装
a) 用木螺钉固定挂线盒座并打结 b) 吊灯座内引出线并打结 c) 装好的吊灯

等。目前新型的多用组合插座或接线板更是品种繁多，将两孔与三孔、插座与开关、开关与安全保护等合理地组合在一起，既安全又美观，在家庭和宾馆得到了广泛的应用。常见插座外形及接线如图 4-25 所示。

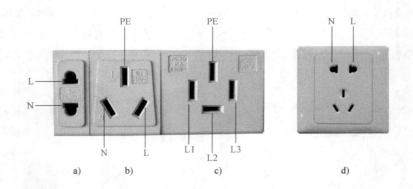

图 4-25 常见插座外形及接线
a) 单相两孔插座 b) 单相三孔插座 c) 三相四孔插座 d) 单相组合插座

插座的安装接线应特别注意：

① 单相两孔插座有横装和竖装两种，如图 4-25a 所示。横装时，一般都是左孔接中性线（俗称零线）N，右孔接相线（俗称火线）L，简称"**左零右火**"；竖装时，上孔接 L 线，下孔接 N 线，简称"**上火下零**"。

② 单相组合插座如图 4-25d 所示，正对面板，左孔接 N、右孔接 L、上孔接保护零线（用 PE 表示），简称"**左零右火上接地**"。

【剩余电流断路器】　本实训项目中所用的为带有剩余电流保护的断路器。常用单相剩余电流断路器外形和接线如图 4-26 所示。

安装接线时应注意以下几个方面：

1）安装剩余电流断路器前应仔细检查其外壳、铭牌、接线端子、试验按钮及合格证等是否完好。

2）剩余电流断路器应垂直于配电板安装，标有电源侧（进线端）和用电负荷侧（出线端）的剩余电流断路器不得接反，否则会导致电子式剩余电流断路器的脱扣线圈无法随电源切断而断电，可能长时间通电而烧毁。

3）安装时必须严格区分 N 线和 PE 线，不得接错或短接，否则会导致其误动作或拒动作。一般器件上有标记"N"。

4）安装完毕应操作试验按钮三次，带负载分合三次，确认动作无误，方可投入使用。

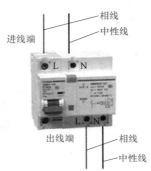

图 4-26　剩余电流断路器外形和接线

小技巧

❖ 家庭中选用剩余电流断路器时，一般环境选择动作电流不超过 30mA，动作时间不超过 0.1s。

3. 电路安装

【检测电器元件】

1）用万用表检测开关好坏。

① 将表笔正确插入万用表，将档位调至通断档（有扬声器标识），短接两个表笔，若扬声器发出声响则可确认万用表该档正常。

② 测量开关两个触点，按动开关两次，若一次不响（电阻值为 ∞），一次发出声响（电阻值为 0），则开关良好。

2）检测白炽灯好坏。用万用表测灯泡电阻的方法来检测白炽灯质量好坏。

【安装、接线】

1）安装电器元件。

参照图 4-27 在配电板上安装电器元件。

安装电器元件的工艺要求如下：

① 元器件布置应整齐匀称，间距合理。

② 紧固各元器件时，用力要均匀，紧固程度应适当，注意用螺钉旋具轮换旋紧对角线上的螺钉，并掌握好旋紧度，手摇不动后再适当旋紧些即可。

③ 各电器元件之间应留足安全操作距离，剩余电流断路器上方 50mm 内不得安装其他任何电器元件，以免影响散热。

2）接线。

按电路图（见图 4-21）完成板前明配线，也可以用塑料槽板配线。图 4-27 所示为电路安装示意图。

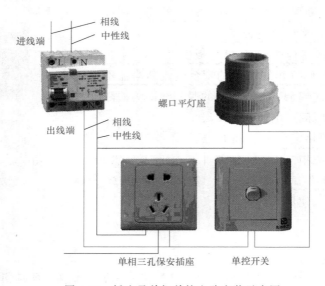

图 4-27　插座及单灯单控电路安装示意图

板前明配线的工艺要求如下：

① 相线和中性线应严格区分，对螺口平灯座，相线必须接在与灯座中心点相连的接线端上，中性线接在与螺口相连的接线端上。

② 开关应串联在通往灯座的相线上，使相线通过开关后进入灯座。

③ 注意保持横平竖直，尽量不交叉、不架空。

④ 所有硬导线应可靠压入接线螺钉垫片下，不松动，不压皮，不露铜。多股铜芯必须绞紧并经 U 形压线端子后再进入各电气设备的接线柱或瓦形垫片锁紧。

⑤ 用双股棉织绝缘软线时，有花色的一根导线接相线，没有花色的导线接中性线。

⑥ 导线与接线螺钉连接时，先将导线的绝缘层剥去合适的长度，再将导线绞紧，最后弯成羊眼圈状且方向应与螺钉拧紧的方向一致。

小技巧

❖ 相线、中性线并排走，中性线直接入灯座，相线经过开关入灯座。

4．通电运行

1）自检电路。接线完毕，对照原理图用万用表检查电路是否存在短路现象；旋入螺口灯头，按动开关，测量回路通断情况；测量插座孔与相应导线的对应关系，不能错乱。

2）通电运行。经自检电路后，再由教师检查无误后，在教师的指导下合上剩余电流断路器，通电观察结果。应重点注意如下几个方面：

① 按动开关，观察灯头是否受控，是否正常发光，有无异常现象。

② 插座电压符合要求，用试电笔试验是否符合"左零右火"的基本原则；用万用表交流电压档测量插座电压是否正常（将万用表拨到交流 250V 电压档）。

5．清理现场

实训结束后清理现场，收好工具、仪表，整理实训台。

任务二　两控一照明电路安装

两控一照明即两只开关控制一盏灯，用于楼梯上下，使人们在上下楼梯时都能开启或关闭照明灯，既方便使用又能节约电能。例如，用于卧室照明，在卧室门口装一只开关，在床头装一只开关，这样对房间照明的控制就方便多了。

1．认识单联双控开关

【外形与接线要求】　常见双控开关的接线及符号如图 4-28 所示。双控开关有三个接线柱，其中 1 为连铜片（简称连片），它就像一个活动的桥梁一样，无论怎样按动开关，连片总要跟柱 2、3 中的一个保持接触，从而达到控制电路通或断的目的。

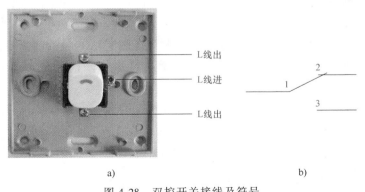

a)　　　　　　　　　　　　　　b)

图 4-28　双控开关接线及符号

a）接线　b）符号

【检测】　用万用表的通断档查找出双控开关的常开/常闭触点，请在下方写出检测步骤。

2. 补全电路图

控制要求：1）实现两个双控开关两地控制一盏灯；2）接有一只单相三孔插座。根据任务一所学知识，将图 4-29 补充完整。

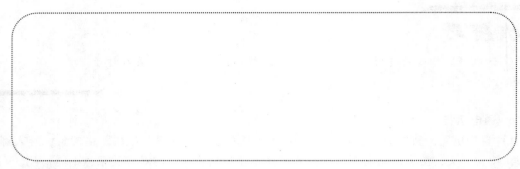

图 4-29　两控一照明电路

3. 电路安装与通电运行

电路安装接线的工艺要求与任务一相同，只是在自检电路时需要依次闭合双控开关，测量回路通断情况（万用表置于欧姆档，表笔分别接触 L、N 两端）。自检电路后，请老师检查，无误后通电运行。

4. 电路参数测量

1）用万用表测量灯两端的电压 U_1 和电源两端电压 U。将测量结果记入表 4-7。

2）电路改装并测量。

① 两盏灯并联。将电路改为两盏灯并联，观察灯的亮暗变化，测量每盏灯两端的电压 U_1、U_2 与电源电压，测量结果记入表 4-7。测量时可采用多次测量取平均值的方法减小误差。

② 两盏灯串联。将电路改为两盏灯串联，观察灯的亮暗变化，测量每盏灯两端的电压与电源电压，测量结果记入表 4-7。

表 4-7　测量结果

项目	电源电压 U/V	U_1 电压/V	U_2 电压/V	结果分析
一盏灯			—	
两灯并联				
两灯串联				

对以上测量数据结果进行分析，总结电阻串联电路和电阻并联电路中的电压关系。

5. 清理现场

实训结束后清理现场，收好工具、仪表，整理实训台。

实训评价

插座与简单照明电路的安装的评价标准见表 4-8。

表 4-8　自评互评表

班级		姓名		学号		组别		
项目	考核内容	配分		评分标准			自评分	互评分
识读电路图	能正确识读电路图	5		不能正确讲解电路图,扣 1~10 分				
元件安装	元件布置合理、安装牢固	20		1. 元件位置不正,定位不合理,每处扣 1~2 分 2. 元件安装不牢固,每处扣 1~2 分 3. 损坏元件,每处扣 1~5 分				
电路接线	电路连接正确,符合布线工艺要求	30		1. 导线敷设不直,每处扣 1~2 分 2. 导线连接不牢固,每处扣 1~2 分 3. 导线漏铜过多或反圈,每处扣 1~5 分				
通电调试	通电调试电路	20		1. 不能自检电路,扣 1~5 分 2. 安装造成断路、短路,每通电一次,扣 1~10 分				
电路参数测量	正确使用万用表测量交流电压	15		1. 不能正确使用万用表测量交流电压,扣 5~10 分 2. 不能对测得的电路参数进行正确分析,扣 1~5 分				
安全文明操作	1. 工作台上工具排放整齐 2. 严格遵守安全操作规程	10		1. 工作台上不整洁,扣 1~5 分 2. 违反安全文明操作规程,酌情扣 1~5 分				
合计		100						

学生交流改进总结:

教师总评及签名:

 知识拓展

常用电光源

常用电光源的分类如下:

$$\text{电光源} \begin{cases} \text{热致发光：白炽灯、卤钨灯} \\ \text{气体放电发光：荧光灯、汞灯、钠灯、金属卤化物灯等} \\ \text{固体发光：LED、场致发光器件等} \end{cases}$$

1. 白炽灯、卤钨灯

它们都是以钨丝作为热辐射体，通电后使之达到白炽温度，产生热辐射，如图4-30所示。白炽灯具有结构简单、价格低廉并可连续调光的优点，但白炽灯中红外、热能消耗分别占69%、20%，因而发光效率仅有11%。

卤钨灯的外壳一般采用耐高温并且高强度的石英玻璃或硬质玻璃，灯内充有惰性气体及少量的卤素气体。现在常用的卤钨灯有碘钨灯和溴钨灯。这类灯的体积小、光通量维持率高（可达95%以上）、发光效率和使用寿命明显优于白炽灯，主要用于强光照明，如用于公共建筑、交通、拍摄电影和电视节目制作等场合。

2. 荧光灯

荧光灯发光均匀、亮度适中、光色柔和，发光效率高，使用寿命长，是应用广泛的节能照明电光源。紧凑型荧光灯结构更接近白炽灯，与同功率白炽灯相比，可节电80%，灯的使用寿命可达10000h。

3. 高压汞灯、高压钠灯

高压汞灯耐振、耐热、效率高，但是启动时间长、工作不稳定、易自熄，常用于工厂、车间和道路照明等。高压钠灯的发光效率是白炽灯的8~10倍，使用寿命长、特性稳定、光通量维持率高，适用于在显色性要求不高的道路、广场、码头和室内高大的厂房、仓库等场所作为照明使用。

图 4-30 白炽灯与卤钨灯
a）白炽灯 b）卤钨灯

图4-31所示为高压汞灯，图4-32所示为高压钠灯。

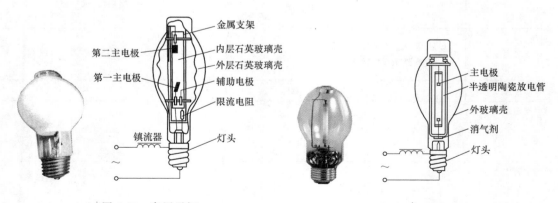

图 4-31 高压汞灯   图 4-32 高压钠灯

4. LED照明

LED照明是将电能直接转变为光能，具有节能环保、效率高、使用寿命长、亮度高、能耗低和响应快等特点。路灯、城市景观照明、隧道照明、公共建筑室内外照明等均是各国公共建设投资中的重点。

巩固与提高

1. 单选题

（1）电工平时所说"1.5 平方的导线"，1.5 的单位是（　　）。

A. m　　　　　B. mm　　　　　C. cm^2　　　　　D. mm^2

（2）两孔插座的接线为（　　）。

A. 左零右火　B. 下火上零　C. 右零左火　D. 左零右火上接地

（3）单相三孔插座的接线为（　　）。

A. 左零右火　B. 下火上零　C. 右零左火　D. 左零右火上接地

2. 判断题

（1）明装插座的离地高度一般不低于 1.3m。　　　　　　　　　　（　　）

（2）暗装插座的底边离地高度一般不低于 1.5m。　　　　　　　　（　　）

（3）开关一定要控制中性线。　　　　　　　　　　　　　　　　（　　）

4.2　纯电阻、纯电感、纯电容电路

　　单相正弦交流电路是由单相正弦交流电压供电的电路。交流电路的负载一般是电阻、电感、电容或它们的不同组合。下面首先研究单一参数的正弦交流电路，掌握电路中电压和电流之间的数值关系、相位关系以及功率。

4.2.1　纯电阻电路

　　只含有电阻元件的交流电路叫作纯电阻电路，如白炽灯、电阻炉、电饭锅、电烙铁等这些电器工作时就可看成纯电阻电路。

 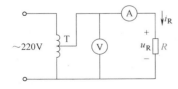

　　➤ 按图 4-33 连接电路，调节调压器旋钮改变电压输出，观察电压表Ⓥ和电流表Ⓐ指示。也可以利用手机仿真软件"电路模拟器"进行手机仿真，观察电压和电流波形，理解纯电阻电路中电压和电流的相位关系。

图 4-33　纯电阻电路实验　　　　　　　　　　纯电阻电路实验仿真

纯电阻电路中电压与电流关系如下：

【数量关系】　纯电阻电路如图 4-34 所示。

设电阻两端的电压为 $u_R = U_{Rm} \sin\omega t$。

实验证明，电阻的电压和电流瞬时值符合欧姆定律：在纯电阻交流电路中，电流与电压成正比，它们的有效值、最大值和瞬时值都服从欧姆定律，即

$$I_R = \frac{U_R}{R} \text{ 或 } I_{Rm} = \frac{U_{Rm}}{R} \text{ 或 } i_R = \frac{u_R}{R} \qquad (4\text{-}7)$$

图 4-34　纯电阻电路

式中　R——电阻值，单位是欧［姆］，符号为 Ω；

I_R——通过电阻的电流有效值，单位是安［培］，符号为 A；

U_R——电阻两端的电压有效值，单位是伏［特］，符号为 V；

I_{Rm}——电流的最大值，单位是安［培］，符号为 A；

U_{Rm}——电压的最大值，单位是伏［特］，符号为 V；

i_R——通过电阻的电流瞬时值，单位是安［培］，符号为 A；

u_R——电阻两端的电压瞬时值，单位是伏［特］，符号为 V。

纯电阻电路

【相位关系】　在纯电阻电路中，电阻两端的电压 u_R 与通过它的电流 i_R 同相位，即频率和初相位相同，其波形图和相量图如图 4-35a、b 所示。

【相量关系】　综上所述，纯电阻电路中，电压、电流的相量关系为

$$\dot{U}_R = R\dot{I}_R \qquad (4\text{-}8)$$

写成极坐标形式为

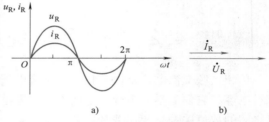

a)　　　　　　　　　　b)

图 4-35　纯电阻电路电压、电流关系

a）波形图　b）相量图

$$U_R \underline{/\psi_u} = RI_R \underline{/\psi_i}$$

在纯电阻电路中：1）电压和电流大小关系为 $U_R = I_R R$；2）电压和电流的相位相同，即同相位。

例 4-8　某家庭中安装的浴霸功率为 1100W（所用的红外线灯泡可视为纯电阻），已知交流电压为 $u = 220\sqrt{2}\sin(314t+120°)$ V，试写出通过浴霸的电流相量形式，并写出电流的瞬时值表达式。

解：$\dot{U}_R = \frac{220\sqrt{2}}{\sqrt{2}} \underline{/120°}\,\text{V} = 220 \underline{/120°}\,\text{V}$

$$R = \frac{U_R^2}{P} = \frac{220^2}{1100}\Omega = 44\Omega$$

则

$$\dot{I}_R = \frac{\dot{U}_R}{R} = \frac{220}{44}\underline{/120°}\,\text{A} = 5\underline{/120°}\,\text{A}$$

$$I_{Rm} = 5 \times \sqrt{2}\,\text{A} = 7.07\text{A}$$

其瞬时值表达式为 $i_R = 7.07\sin(314t+120°)$ A。

4.2.2　纯电感电路

在交流电路中，如果只有电感线圈做负载，且当线圈的电阻小到可以忽略不计时，线圈

就可以看成一个纯电感线圈，这个电路就可以看成纯电感电路。

实践环节

➤ 按图 4-36 连接电路，调节调压器旋钮改变电压输出，观察电压表Ⓥ和电流表Ⓐ指示。也可以利用手机仿真软件"电路模拟器"进行手机仿真，观察电压和电流波形，理解纯电感电路中电压和电流的相位关系。

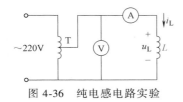

图 4-36　纯电感电路实验

纯电感电路实验仿真

1. 感抗

根据图 4-36 所示的实验可知，电感两端的电压有效值与流过它的电流有效值成正比，比例系数称为感抗。用 X_L 表示，单位为欧［姆］，表达式为

$$X_L = \omega L = 2\pi f L \qquad\qquad (4-9)$$

式中　L——线圈的电感，单位是亨［利］，符号为 H；

　　　ω——交流电的角频率，单位是弧度每秒，符号为 rad/s；

　　　f——交流电的频率，单位是赫［兹］，符号为 Hz。

感抗与交流电的频率 f 和电感 L 成正比。

2. 电感线圈在电路中的作用

对直流电来说，由于 $f=0$，$\omega=0$，因而感抗为零；对交流电来说，感抗与频率和电感成正比，且频率越高或电感越大，则感抗越大，对交流电的阻碍作用也越大。用于"通直流、阻交流"的电感线圈叫作低频扼流圈；用于"通低频、阻高频"的电感线圈叫作高频扼流圈。

3. 纯电感电路电压与电流关系

【数量关系】　纯电感电路如图 4-37 所示。

在纯电感电路中，电压与电流的有效值和最大值服从欧姆定律，表示为

$$I_L = \frac{U_L}{X_L} \ \text{或} \ I_{Lm} = \frac{U_{Lm}}{X_L} \qquad\qquad (4-10)$$

【相位关系】　纯电感电路的电压、电流关系如图 4-38 所示。

由图 4-38b 可知，在纯电感电路中，电感两端的电压比电流超前 $90°\left(\text{或} \dfrac{\pi}{2}\right)$。

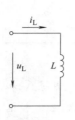

图 4-37 纯电感电路

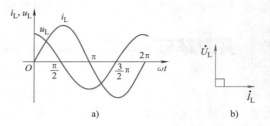

图 4-38 纯电感电路的电压、电流关系
a) 波形图 b) 相量图

【相量关系】 根据纯电感电路的电压、电流数量及相位关系，可以写出电压与电流的相量关系，即

$$\dot{U}_L = jX_L \dot{I}_L = j\omega L \dot{I}_L \tag{4-11}$$

写成极坐标形式为

$$U_L \underline{/\psi_u} = \omega L\ I_L \underline{/\psi_i + 90°}$$

$\psi_u = \psi_i + 90°$ 表示在纯电感电路中，电感两端的电压超前电流 90°；j 为复数中的虚数单位。

4.2.3 纯电容电路

只有电容（忽略电容的损耗）做负载的交流电路称为纯电容电路。

实践环节

➤ 按图 4-39 连接电路，调节调压器旋钮改变电压输出，观察电压表Ⓥ和电流表Ⓐ指示。也可以利用手机仿真软件"电路模拟器"进行手机仿真，观察电压和电流波形，理解纯电容电路中电压和电流的相位关系。

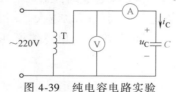

图 4-39 纯电容电路实验

纯电容电路实验仿真

1. 容抗

根据图 4-39 所示的实验可知，电容两端的电压有效值和流过电容的电流有效值成正比，比例系数称作容抗，用 X_C 表示，单位为欧［姆］，表达式为

$$X_C = \frac{1}{\omega C} = \frac{1}{2\pi f C} \tag{4-12}$$

式中 C——电容容量，单位是法［拉］，符号为 F；

　　ω——角频率，单位是弧度每秒，符号为 rad/s；

　　f——电源频率，单位是赫［兹］，符号为 Hz；

容抗与交流电的频率 f 和电容 C 成反比。

由容抗公式可知，当电容 C 一定时，交流电的频率越高，容抗越小，对交流电流的阻碍作用越小，通常称为"阻低频、通高频"；对直流电而言，由于频率 $f = 0$，$\omega = 0$，故 $X_C \to \infty$，电容在直流电流的作用下相当于开路，通常称为"隔直流、通交流"。

2. 纯电容电路电压与电流的关系

【数量关系】　纯电容电路如图 4-40 所示。

在纯电容电路中，电压与电流的有效值和最大值服从欧姆定律，即

$$I_C = \frac{U_C}{X_C} \text{ 或 } I_{Cm} = \frac{U_{Cm}}{X_C} \tag{4-13}$$

【相位关系】　纯电容电路的电压、电流关系如图 4-41 所示。

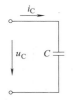

图 4-40　纯电容电路　　　　纯电容电路

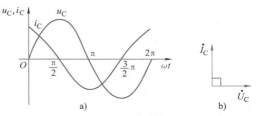

图 4-41　纯电容电路的电压、电流关系
a）波形图　b）相量图

由图 4-41b 可知，在纯电容电路中，电容两端的电压滞后电流 $90°\left(\text{或}\dfrac{\pi}{2}\right)$。

【相量关系】　在纯电容电路中，根据纯电容电路的电压、电流数量及相位关系，可以写出电压与电流的相量关系，即

$$\dot{U}_C = -\mathrm{j}X_C\dot{I}_C = -\mathrm{j}\frac{1}{\omega C}\dot{I}_C \tag{4-14}$$

这里 j 为虚数单位，$\mathrm{j}^2 = -1$。

写成极坐标形式为

$$U_C\underline{/\psi_u} = -\mathrm{j}\frac{1}{\omega C}I_C\underline{/\psi_i} = \frac{1}{\omega C}I_C\underline{/\psi_i - 90°}$$

$\psi_u = \psi_i - 90°$ 表示交流电路中纯电容两端电压滞后电流 $90°$，或者说电流超前电压 $90°$。

4.2.4　单一参数交流电路的功率

1. 正弦交流电功率基本概念

【瞬时功率 p】　任意瞬间电压与电流的乘积称为瞬时功率。设正弦交流电路的电流为 i、电压为 u，则瞬时功率为

$$p = ui \tag{4-15}$$

【有功功率 P】　瞬时功率在一个周期内的平均值叫作平均功率 P，它反映了交流电路中实际消耗的功率，所以又叫有功功率，单位是瓦［特］，符号为 W，且

$$P = UI\cos\varphi \tag{4-16}$$

式中　φ——电压、电流相位差，又叫阻抗角；

　　　$\cos\varphi$——功率因数。

【无功功率 Q】　无功功率表示交流电路与电源之间进行能量交换的规模，这部分功率没有消耗掉，而是变成其他形式的能量储存起来，单位是乏，符号为 var，且

$$Q = UI\sin\varphi \tag{4-17}$$

在（$-\pi$，π）区间内，当 $\varphi > 0$ 时，$Q > 0$，电路呈感性；当 $\varphi < 0$ 时，$Q < 0$，电路呈容性；当 $\varphi = 0$ 时，$Q = 0$，电路呈阻性。

【视在功率 S】　在交流电路中，电源电压有效值与总电流有效值的乘积叫作视在功率，即 $S = UI$。单位是伏安，符号为 V·A。视在功率代表了交流电源可以向电路提供的最大功率。

功率因数等于有功功率与视在功率的比值，即

$$\cos\varphi = \frac{P}{S} \tag{4-18}$$

有功功率 P、无功功率 Q 和视在功率 S 三者之间构成直角三角形关系，称为功率三角形，即

$$S = \sqrt{P^2 + Q^2}$$

功率三角形如图 4-42 所示。

2. 纯电阻、纯电感、纯电容电路的功率

【纯电阻电路的功率】　在纯电阻电路中，电压与电流同相，即电压和电流的相位差 $\varphi = 0$。所以根据功率三角形可得

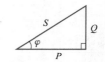

图 4-42　功率三角形

有功功率　$P = UI\cos\varphi = UI = I^2 R = \dfrac{U^2}{R}$；

无功功率　$Q = UI\sin\varphi = 0$；

视在功率　$S = UI = \sqrt{P^2 + Q^2} = P$。

在纯电阻电路中，有功功率 P 总为正值，说明电阻总是在从电源吸收能量，是耗能元件。

【纯电感电路的功率】　在纯电感电路中，电压超前电流 90°，即电压和电流的相位差 $\varphi = 90°$。所以根据功率三角形可得

有功功率　$P = UI\cos\varphi = 0$；

无功功率　$Q = UI\sin\varphi = I^2 X_L = \dfrac{U^2}{X_L}$；

视在功率　$S = UI = \sqrt{P^2 + Q^2} = Q$。

有功功率 $P = 0$，说明电感不消耗功率，只与电源间进行着能量交换，是储能元件（将电能以磁场能的形式储存起来）。

【纯电容电路的功率】　在纯电容电路中，电流超前电压 90°，电压和电流的相位差 $\varphi = -90°$。所以根据功率三角形可得

有功功率　$P = UI\cos\varphi = 0$；

无功功率　$Q = UI\sin\varphi = I^2 X_C = \dfrac{U^2}{X_C}$；

视在功率　$S = UI = \sqrt{P^2 + Q^2} = Q$。

有功功率 $P = 0$，说明电容不消耗功率，只与电源间进行着能量交换，是储能元件（将电能以电场能的形式储存起来）。

巩固与提高

1. 填空题

（1）在纯电阻交流电路中，电压与电流的相位关系是＿＿＿＿＿＿。

（2）在纯电感交流电路中，电压与电流的相位关系是电压＿＿＿＿＿电流 90°。

（3）在纯电容交流电路中，电压与电流的相位关系是电压＿＿＿＿＿电流 90°。

（4）电感对电流的阻碍作用称为＿＿＿＿＿，用＿＿＿＿＿表示。

（5）电容对电流的阻碍作用称为＿＿＿＿＿，用＿＿＿＿＿表示。

2. 单选题

（1）电容器具有（　　）的作用。

A. 通交流，阻直流　　　　　B. 通直流，阻交流　　　　　C. 交、直流都可以通过

（2）电容的电抗与（　　）。

A. 电源频率、电容均成正比

B. 电源频率成正比，与电容成反比

C. 电源频率、电容均成反比

（3）在纯电阻电路中，电流与电压的相位关系是（　　）。

A. 超前　　　　　　　B. 滞后　　　　　　　C. 同相　　　　　D. 反相

（4）在纯电感电路中，电流与电压的相位关系是（　　）。

A. 超前　　　　　　　B. 滞后　　　　　　　C. 同相　　　　　D. 反相

3. 判断题

（1）在纯电感电路中，电压超前电流 90°。　　　　　　　　　　　　　　　（　　）

（2）在纯电容电路中，电压超前电流 90°。　　　　　　　　　　　　　　　（　　）

（3）电感对电流的阻碍作用叫作感抗。　　　　　　　　　　　　　　　　　（　　）

（4）电容对电流的阻碍作用叫作容抗。　　　　　　　　　　　　　　　　　（　　）

（5）感抗和容抗的大小都与电源的频率成正比。　　　　　　　　　　　　　（　　）

（6）在交流电路中，电阻是耗能元件，而纯电感或纯电容元件只有能量的交换，没有能量的消耗。　　　　　　　　　　　　　　　　　　　　　　　　　　　　　（　　）

实训 4-3　荧光灯电路安装与故障检测

实训目标

1）掌握荧光灯电路的组成及各部件的作用；

2）掌握荧光灯的工作原理；

3）能熟练安装与调试荧光灯电路；

4）会检修荧光灯电路并排除故障。

实训器材

MF47 型万用表一块、电工工具一套，其余元器件见表 4-9。

表 4-9　元器件明细表

序　号	名　称	型号规格	数　量	单　位
1	灯管及灯座	20W	1	套
2	镇流器	20W	1	只
3	辉光启动器及底座	20W	1	套
4	开关	单控开关	1	个
5	导线	BVR1.5mm^2	若干	
6	绝缘胶布		若干	

实训内容

本实训分为荧光灯电路安装和荧光灯电路故障检测两项任务。

荧光灯俗称日光灯，与白炽灯相比，具有发光效率高、使用寿命长、光色好、节能效果显著等特点，广泛应用于家庭、教室、办公楼、图书馆、医院、超市等场所。荧光灯一般有电子式荧光灯和电感式荧光灯两种，其基本结构都是由荧光灯管、镇流器和灯架等部分组成，不同的是电子式荧光灯不需要辉光启动器。

在本实训项目中采用的是电感式荧光灯。

任务一　荧光灯电路安装

1. 识读电路图

荧光灯电路如图 4-43 所示，该电路由开关、灯管、镇流器、辉光启动器等组成。由于采用电感性的镇流器，电路功率因数低（0.5 左右），一般采用在电源两端并联适当的电容器来提高功率因数。

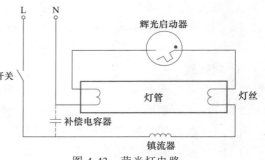

图 4-43　荧光灯电路

2. 元器件认识与检测

【灯管】　灯管为电路的发光体，由玻璃管、灯丝、灯头、灯脚等组成，除常见的直形灯管外，还有 U 形、环形、反射形等。直形灯管结构如图 4-44 所示，按灯管直径由大到小分类，可分为 T12、T8、T5 三种。

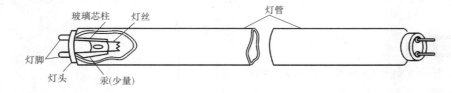

图 4-44　直形灯管结构

灯管抽成真空后充入一定量的氩气和少量汞，在灯管内壁上涂有荧光粉。灯管两端各有一根灯丝固定在灯脚上。灯丝用钨丝绕成，上面涂有氧化物，当电流通过灯丝而发热时，便发射出大量电子。

当灯管两端加上高电压时，灯丝发射出的电子便不断轰击汞蒸气，使汞分子在碰撞中电离，汞蒸气电离产生肉眼看不见的紫外线，紫外线照射到灯管内壁的荧光粉涂层上便发出近似日光色的可见光，因而荧光灯也叫日光灯。氩气有帮助灯管点燃并保护灯丝、延长灯管使用寿命的作用。荧光粉的种类不同，发光的颜色也不同。

灯管检测步骤如下：

1）万用表选择电阻档，将转换开关拨在 R×1 档。

2）分别测量灯管两端的灯丝电阻，若电阻 $R→∞$ 则说明灯丝已断，灯管损坏。检测方法如图 4-45 所示。

【电感式镇流器】　荧光灯所用的镇流器有电感式和电子式两种。其中电感式镇流器是具有铁心的电感线圈，其外形如图 4-46 所示。

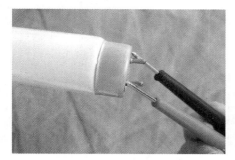

图 4-45　灯管的检测方法

图 4-46　电感式镇流器的外形

电感式镇流器的作用为：

1）在启动时与辉光启动器配合，产生瞬时高压点燃灯管。

2）在正常工作时利用串联于电路中的高电抗限制灯管电流，延长灯管使用寿命。

 小提示

❖ 镇流器的标称功率必须与灯管的标称功率相符。

电感式镇流器检测时，用万用表测量其直流电阻，记下所测电阻值，以便安装好电路后自检电路时用。若直流电阻很大，说明已损坏，应予更换。

【辉光启动器】　辉光启动器由氖泡、纸介电容器、引脚和铝质或塑料外壳组成，常用的规格有 4～8W、15～20W、30～40W 以及通用型 4～40W 等，其外形、结构和符号如图4-47 所示。氖泡内有一个固定的静触片和一个双金属片制成的动触片。双金属片由两种膨胀系数差别很大的金属薄片粘合而成。动触片与静触片平时分开，两者相距 0.5mm 左右，与氖泡并联的纸介电容容量在 5000pF 左右。纸介电容器的作用为：

1）与镇流器线圈组成 LC 振荡回路，能延长灯丝预热时间和维持脉冲放电电压。

2）能吸收干扰收录机、电视机等电子设备的杂波信号。

131

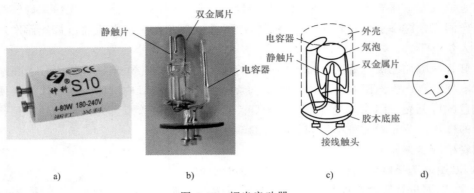

图 4-47 辉光启动器

a）外形 b）结构实物图 c）结构示意图 d）符号

如果电容被击穿，去掉后氖泡仍可使灯管正常发光，但失去吸收干扰杂波的性能。

【灯座】 灯座有开启式和插入式两种，常用的开启式灯座结构如图 4-48 所示。开启式灯座有大型和小型两种，如 6W、8W、12W、13W 等灯管用小型灯座，15W 以上的灯管用大型灯座。

图 4-48 开启式灯座结构

3. 电路安装

【元器件检测】 对电路所用的元器件进行检测。

【固定各部件】 将各元器件用木螺钉简单固定到灯架上，并标明各元器件的准确位置，尤其是需要引线的接线柱、孔位置，以便布线时准确方便地定位。

 小提示

❖ 元器件的位置要方便导线的连接，摆放整齐美观，各元器件应疏密相同，并考虑到后期的使用操作安全、方便。

【接线】 在灯架或实训板上敷设导线并连接各元器件。根据各元器件的位置，将电源线在需要接线处进行绝缘层剖削，注意不要损伤、弄断导线，绝缘层去除的长度应适中，导线间连接处应用绝缘胶带进行绝缘处理。导线应横平竖直、长短适中，开关应接电源相线。经检查各元器件及连线均已安装完毕后，将各元器件紧固，并用线夹固定电源线。

4. 通电检验与故障排除

【检测电路】 自检电路时，可按下述方法进行：

1）将安装好的电路检查一遍，看有无错接、漏接，相线、中性线有无颠倒。

2）不接电源（切记），将开关 S 闭合，用万用表电阻档检测如下项目，检查有无短路或开路故障。将结果记入表 4-10 中。

【固定电路】　固定镇流器及吊线，并安装好电源插头。

【接通电源并检测】　接通电源后，通过试电笔、万用表交流电压档测试各处电压是否正常，开关能否控制灯管亮、灭，发现问题及时检修。

表 4-10　万用表检测

检测步骤	检 测 项 目	正 确 结 果	测量结果（电阻值）
1	测量 L—N 间电阻	∞	
2	测量 L—辉光启动器底座一侧螺钉间电阻	应为镇流器和灯丝电阻之和	
3	测量 N—辉光启动器底座另一侧螺钉间电阻	灯管的灯丝电阻	

任务二　荧光灯电路故障检测

通过测量电路中接通电源瞬间和正常发光后的电压、电流值，分析电感式镇流器荧光灯电路工作原理。

1. 用万用表测量交流电压

电路连接好后，闭合电源开关，测量启动瞬间和荧光灯正常发光后镇流器两端电压、灯管两端电压和电源电压。将测量结果填入表 4-11。

表 4-11　测量结果

	镇流器两端电压 U_L	灯管两端电压 U_R	电源电压 U
启动瞬间			
正常发光后			

2. 结果分析

1）对比灯管两端电压在启动瞬间和灯管正常发光后有何异同。为什么在启动瞬间电压较高？

2）灯管正常发光后，U_L、U_R 之和等于 U 吗？为什么？

3. 常见故障分析

荧光灯电路常见故障现象、可能原因及排除方法见表 4-12。

表 4-12　荧光灯电路常见故障现象、可能原因及排除方法

故 障 现 象	产生故障的可能原因	排 除 方 法
灯管两端发黑	1. 灯管老化 2. 启辉不佳 3. 电压过高 4. 镇流器不配套	1. 更换灯管 2. 排除启辉系统故障 3. 调低电压至额定工作电压 4. 换配套镇流器

（续）

故 障 现 象	产生故障的可能原因	排 除 方 法
灯管光通量下降	1. 灯管老化 2. 电压过低 3. 灯管处于冷风直吹位置	1. 更换灯管 2. 调整电压，缩短电源线路 3. 采取遮风措施
开灯后灯管马上被烧毁	1. 电压过高 2. 镇流器短路	1. 检查电压过高原因并排除 2. 更换镇流器
断电后灯管仍发微光	1. 荧光粉余辉特性 2. 开关接到了中性线上	1. 过一会将自行消失 2. 将开关改接至相线上
灯管不发光	1. 停电或熔丝烧断导致无电源 2. 灯座触点接触不良或电路线头松散 3. 辉光启动器损坏或与底座触点接触不良 4. 镇流器绕组或管内灯丝断裂或脱落	1. 找出断电原因，检修好后复送电 2. 重新安装灯管或连接松散线头 3. 旋动辉光启动器看是否损坏，再检查线头是否脱落 4. 用万用表电阻档检测镇流器绕组和灯丝是否开路
灯丝两端发亮	辉光启动器接触不良，或内部小电容击穿，或基座线头脱落，或辉光启动器已损坏	1. 按上一个故障现象排除方法 2. 检查，若辉光启动器内部电击，可剪去继续使用
启辉困难（灯管两端不断闪烁，中间不亮）	1. 辉光启动器不配套 2. 电源电压太低 3. 环境温度太低 4. 镇流器不配套，辉光启动器电流过小 5. 灯管老化	1. 换配套辉光启动器 2. 调整电压或降低线损，使电压保持在额定值 3. 对灯管热敷（注意安全） 4. 换配套镇流器 5. 更换灯管
灯光闪烁或管内有螺旋形滚动光带	1. 辉光启动器或镇流器连接不良 2. 镇流器不配套（工作电压过大） 3. 新灯管暂时现象 4. 灯管质量差	1. 接好连接点 2. 换上配套镇流器 3. 使用一段时间，会自行消失 4. 更换灯管
镇流器过热	1. 镇流器质量差 2. 启辉系统不良，使镇流器负担加重 3. 镇流器不配套 4. 电源电压过高	1. 温度超过 65℃，更换镇流器 2. 排除启辉系统故障 3. 换配套镇流器 4. 调低电压至额定工作电压
镇流器异声	1. 铁心叠片松动 2. 铁心硅钢片质量差 3. 绕组内部短路（伴随过热现象） 4. 电源电压过高	1. 紧固铁心 2. 换硅钢片或镇流器 3. 换绕组或整个镇流器 4. 调低电压至额定工作电压

实训评价

荧光灯电路安装与故障检测评价标准见表 4-13。

表 4-13　自评互评表

班级		姓名		学号		组别	
项目	考核内容		配分	评分标准		自评分	互评分
识读电路图	能正确识读电路图		5	不能正确讲解电路图，扣 1~5 分			
元器件的识别与检测	对所用元器件进行识别和检测		15	元器件有质量问题未检测出的，每错一处，扣 1~5 分			

（续）

项目	考核内容	配分	评分标准	自评分	互评分
元器件安装	元器件布置合理、安装牢固	10	1. 元器件位置不正，定位不合理，每处扣 1~2 分 2. 元器件安装不牢固，每处扣 1~2 分 3. 损坏元器件，每处扣 1~5 分		
导线连接	电路连接正确，符合布线工艺要求	30	1. 导线敷设不直，酌情扣 1~2 分 2. 导线连接不牢，每处扣 1~5 分 3. 导线漏铜过多或反圈，每处扣 1~2 分		
通电调试	通电调试电路	20	不能自检、调试电路，通电不亮，每通电一次，扣 1~10 分		
电路参数测量	正确使用万用表测量交流电压	10	不能正确使用万用表测量交流电压，扣 1~5 分		
安全文明操作	1. 工作台上工具排放整齐 2. 严格遵守安全操作规程	10	1. 工作台上不整洁，扣 1~5 分 2. 违反安全文明操作规程，酌情扣 1~5 分		
合计		100			

学生交流改进总结：

教师总评及签名：

知识拓展

电子式荧光灯

电子式荧光灯利用电子式镇流器产生的谐振脉冲启辉，电感式荧光灯利用电感式镇流器产生的高压自感电动势启辉。电子式镇流器的外形及内部实物图如图 4-49 所示。

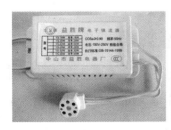

a)　　　　　　　　　　b)　　　　　　　　　　c)

图 4-49　电子式镇流器的外形及内部实物图

a) 普通型　b) 节能型　c) 电子镇流器内部实物图

电子式镇流器的内部电路通常由整流滤波电路、高频振荡电路以及 LC 输出电路等部分构成，结构框图如图 4-50 所示。基本原理是使电路产生高频自激振荡，通过谐振电路使灯管两端得到高频高压，因而不再需要辉光启动器。

电子式镇流器功耗低（自身损耗通常在 1W 左右）、效率高、电路连接简单、不用辉光启动器、工作时无噪声、功率因数高（大于0.9，甚至接近于1）、灯管使用寿命长，因而受到人们的欢迎。带电子式镇流器的荧光灯电路如图4-51所示。

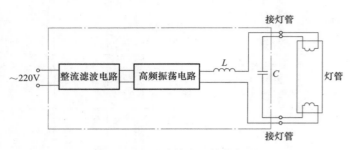

图4-50　电子式镇流器结构框图

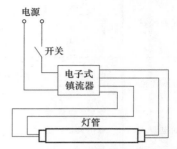

图4-51　带电子式镇流器的荧光灯电路

 巩固与提高

1. 单选题

（1）检测荧光灯灯管是否正常，应选择万用表的（　　）档。

A. 电阻　　　　　B. 电流　　　　　C. 直流电压　　　　　D. 交流电压

（2）用万用表检测荧光灯灯管的灯丝电阻，大约是4Ω，则电阻档最好选择（　　）量程。

A. ×1　　　　　B. ×10　　　　　C. ×100　　　　　D. ×1k

（3）电子式荧光灯套件中不包括（　　）。

A. 灯管　　　　　B. 镇流器　　　　　C. 开关　　　　　D. 辉光启动器

2. 判断题

（1）荧光灯镇流器分为电感式和电子式两种。　　　　　　　　　　　　（　　）

（2）灯管的功率应该比镇流器的功率大一些。　　　　　　　　　　　　（　　）

（3）开关应该控制相线。　　　　　　　　　　　　　　　　　　　　　（　　）

4.3　串联电路

4.3.1　*RL* 串联电路

荧光灯电路实质上就是 *RL* 串联电路，即将灯管和镇流器串联起来，接到交流电源上。由本章实训4-3的测试结果发现：镇流器两端电压 U_L 与灯管两端电压 U_R 之和 ≠ 电源电压 U，为什么呢？这是由于镇流器两端电压和灯管两端电压相位不同造成的。

1. *RL* 串联电路中电压间的关系

荧光灯正常点亮后，电路可等效成如图4-52所示 *RL* 串联电路。

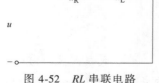

图4-52　*RL* 串联电路

由于 *RL* 串联电路中各元件流过相同的电流，因此分析时一般以正弦电流为参考正弦量。设电路中电流为 $i = I_m \sin\omega t$，根据 R、L 的基本特性，可得

各元件两端电压为

$$u_{\mathrm{R}} = Ri = RI_{\mathrm{m}}\sin\omega t, \quad u_{\mathrm{L}} = X_{\mathrm{L}}I_{\mathrm{m}}\sin(\omega t + 90°)$$

相量形式为
$$\dot{U}_{\mathrm{R}} = R\,\dot{I} \qquad \dot{U}_{\mathrm{L}} = \mathrm{j}\omega L\,\dot{I}$$

根据基尔霍夫电压定律（KVL），在任意时刻总电压 u 为

$$u = u_{\mathrm{R}} + u_{\mathrm{L}}$$

相量形式为
$$\dot{U} = \dot{U}_{\mathrm{R}} + \dot{U}_{\mathrm{L}}$$

两个正弦量相加，采用相量计算较方便，以 $\dot{I}$ 为参考相量，作出相量图，如图 4-53 所示。图中 φ 为电路电压与电流的相位差。

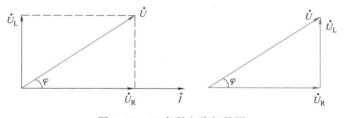

图 4-53　RL 串联电路相量图

由图 4-53 可以看出：

1）$\dot{U}$、$\dot{U}_{\mathrm{R}}$、$\dot{U}_{\mathrm{L}}$ 构成直角三角形，称为电压三角形。

2）电压之间的数量关系为

$$U = \sqrt{U_{\mathrm{R}}^2 + U_{\mathrm{L}}^2} \tag{4-19}$$

在 RL 串联电路中，将 $\dot{U}_{\mathrm{R}} = R\,\dot{I}$ 与 $\dot{U}_{\mathrm{L}} = \mathrm{j}X_{\mathrm{L}}\dot{I}$ 代入 $\dot{U} = \dot{U}_{\mathrm{R}} + \dot{U}_{\mathrm{L}}$ 中，得到电压关系为

$$\dot{U} = R\dot{I} + \mathrm{j}X_{\mathrm{L}}\dot{I} = (R + \mathrm{j}X_{\mathrm{L}})\dot{I} = Z\dot{I}$$

这里
$$|Z| = \frac{U}{I} = \sqrt{R^2 + X_{\mathrm{L}}^2} \tag{4-20}$$

$Z = R + \mathrm{j}X_{\mathrm{L}}$ 为一个复数，称为复阻抗，其实部为电阻，虚部为电抗，其模为阻抗，表示电阻和电感对交流电呈现的阻碍作用，单位为欧［姆］（Ω）。将电压三角形各边都除以电流的相量，可得阻抗三角形，如图 4-54 所示。

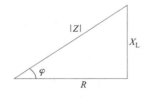

图 4-54　RL 串联电路的阻抗三角形

φ 又可看作复阻抗的辐角，称为阻抗角。

2. RL 串联电路的功率

将电压三角形三边同时乘以 I，就可以得到由有功功率、无功功率和视在功率组成的三角形——功率三角形，如图 4-55 所示。

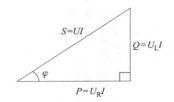

图 4-55 *RL* 串联电路的功率三角形

【有功功率】 电阻是耗能元件，它消耗的功率就是该电路的有功功率，即

$$P = U_R I = I^2 R = \frac{U_R^2}{R} = UI\cos\varphi = S\cos\varphi$$

【无功功率】 电阻和电感串联电路中，只有电感和电源进行能量交换，所以无功功率为

$$Q = U_L I = X_L I^2 = \frac{U_L^2}{X_L} = UI\sin\varphi = S\sin\varphi$$

【视在功率】 电源提供的最大可能功率，又称作容量，即

$$S = UI$$

从功率三角形可以得到

$$S = \sqrt{P^2 + Q^2}$$

阻抗角（又称功率因数角）的大小为 $\qquad \varphi = \arctan\dfrac{Q}{P}$

例 4-9 可以通过测量实际电感线圈的电压和电流，进而求得线圈的电阻 *R* 和电感 *L*。给线圈加直流电压 12V，测得流过线圈的直流电流 $I = 2A$；给线圈加交流工频 220V 电压，测得有效值电流 $I = 22A$，据此写出电阻 *R* 和电感 *L*。

解：先求电阻 *R*，根据欧姆定律可得

$$R = \frac{12}{2}\Omega = 6\Omega$$

$$|Z| = \frac{220}{22}\Omega = 10\Omega$$

$$X_L = \sqrt{|Z|^2 - R^2} = \sqrt{10^2 - 6^2}\,\Omega = 8\Omega$$

电感 *L* 根据 $X_L = \omega L$ 求得，即

$$L = \frac{X_L}{\omega} = \frac{8}{2 \times 3.14 \times 50}H = 0.025H$$

例 4-10 某电动机接在 220V 工频交流电源上可获得 14A 电流，连接在电动机电路中的功率表显示功率为 2.5kW，试求该电动机的视在功率 *S*、无功功率 *Q* 和功率因数角 φ。

解：$S = UI = 220 \times 14\text{V} \cdot \text{A} = 3080\text{V} \cdot \text{A} = 3.08\text{kV} \cdot \text{A}$

由 $P = UI\cos\varphi = S\cos\varphi$ 得

$$\cos\varphi = \frac{P}{S} = \frac{2.5}{3.08} \approx 0.812$$

所以 $\qquad\qquad\qquad \varphi \approx 35.7°$

$$Q = UI\sin\varphi = S\sin\varphi = 3.08\sin35.7°\text{kvar} = 1.8\text{kvar}$$

实践环节

➤ 按图 4-56 连接电路，测量值填入表 4-14 中。计算电路的视在功率 S、无功功率 Q 和功率因数 $\cos\varphi$。

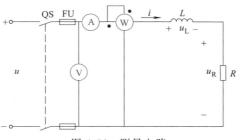

图 4-56 测量电路

表 4-14 测量结果

测量次数	U/V	I/mA	P/W	$\cos\varphi$	$S/\text{V}\cdot\text{A}$	Q/var
1						
2						
3						

4.3.2　RC 串联电路

电阻电容的串联电路如图 4-57 所示。

设电路中电流为 $i = I_\text{m}\sin\omega t$，根据 R、C 的基本特性可得 R 两端电压为

$$u_\text{R} = Ri = RI_\text{m}\sin\omega t$$

C 两端电压为

$$u_\text{C} = X_\text{C}I_\text{m}\sin(\omega t - 90°)$$

根据基尔霍夫电压定律（KVL），在任意时刻总电压 u 为

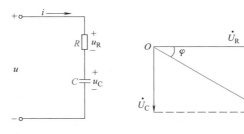

图 4-57　RC 串联电路

$$u = u_\text{R} + u_\text{C}$$

以 $\dot{I}$ 为参考相量，作出电压相量图，如图 4-58a 所示。依照 RL 串联电路同样的方法，可以得到阻抗三角形和功率三角形，如图 4-58b 和图 4-58c 所示。

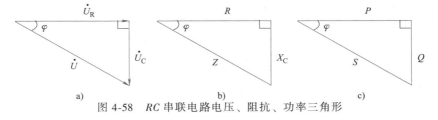

图 4-58　RC 串联电路电压、阻抗、功率三角形

4.3.3　RLC 串联电路

电阻、电感和电容的串联电路，包含了三个不同的电路参数，在实际工作中经常遇到，

如电子技术中的串联谐振电路和电工技术中的补偿电路等。

1. RLC 串联电路的电压电流关系

RLC 串联电路如图 4-59 所示。

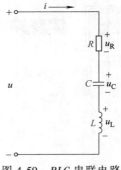

图 4-59 RLC 串联电路

设电路中电流为 $i = I_m \sin\omega t$，根据 R、L、C 基本特性，可得

R 两端电压为 $u_R = RI_m \sin\omega t$

L 两端电压为 $u_L = X_L I_m \sin(\omega t + 90°)$

C 两端电压为 $u_C = X_C I_m \sin(\omega t - 90°)$

在任意时刻，总电压的瞬时值等于各个元件上电压瞬时值之和，即

$$u = u_R + u_L + u_C$$

写成相量形式为

$$\dot{U} = \dot{U}_R + \dot{U}_L + \dot{U}_C = \dot{I} R + jX_L \dot{I} - jX_C \dot{I}$$
$$= \dot{I}(R + jX_L - jX_C) = \dot{I} Z$$

根据 X_C 与 X_L 的关系，画出相应的相量图，如图 4-60 所示。

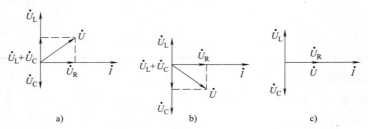

a)   b)   c)

图 4-60 不同情况下的电压相量图

a) $X_C < X_L$ b) $X_C > X_L$ c) $X_C = X_L$

应用平行四边形法则可得到总电压与分电压之间的关系符合电压三角形关系，即

$$U = \sqrt{U_R{}^2 + (U_L - U_C)^2}$$

2. RLC 串联电路的阻抗及阻抗角

由 RLC 串联电路的总阻抗 $Z = R + j(X_L - X_C) = R + jX$，可得

$$|Z| = \frac{U}{I} = \sqrt{R^2 + (X_L - X_C)^2} = \sqrt{R^2 + X^2}$$

即阻抗也符合阻抗三角形关系。其中 $X = X_L - X_C$ 叫作电抗，单位是欧［姆］（Ω）。

总电压与电流之间的阻抗角为

$$\varphi = \arctan \frac{U_L - U_C}{U_R} = \arctan \frac{X_L - X_C}{R} = \arctan \frac{X}{R}$$

由此可知，阻抗角的大小取决于电路参数 R、L 和 C 以及电源频率，电抗 X 的值决定了电路性质。

1）当 $X_L > X_C$，即 $X > 0$，$\varphi > 0$ 时，电压 u 超前电流 i，电路呈感性，称为感性电路；

2）当 $X_L < X_C$，即 $X < 0$，$\varphi < 0$ 时，则电流 i 超前电压 u，电路呈容性，称为容性电路；

3）当 $X_L = X_C$，即 $\varphi = 0$ 时，则电流 i 与电压 u 同相，电路呈阻性，称为谐振电路。

例 4-11　图 4-59 所示电路中，已知：电源是 220V、50Hz，$R = 56\Omega$，$L = 750\text{mH}$，$C = 10\mu\text{F}$。求 X_C、X_L、X、$|Z|$、I 的值分别是多少？

解：

$$X_C = \frac{1}{2\pi fC} = \frac{1}{2\times 3.14\times 50\times 10\times 10^{-6}}\Omega = 318\Omega$$

$$X_L = 2\pi fL = 2\times 3.14\times 50\times 750\times 10^{-3}\Omega = 235.5\Omega$$

$$|Z| = \sqrt{R^2 + (X_L - X_C)^2} = \sqrt{56^2 + (318 - 235.5)^2}\Omega = \sqrt{9942.25}\Omega \approx 100\Omega$$

$$I = \frac{U}{|Z|} = \frac{220}{100}\text{A} = 2.2\text{A}$$

3. RLC 串联电路的功率

在 RLC 串联电路中，只有电阻是耗能元件，电感和电容是储能元件，不消耗能量，因此 RLC 串联电路的有功功率 P、无功功率 Q_L 和 Q_C、视在功率 S 分别为

$$P = U_R I = UI\cos\varphi$$

$$Q = (U_L - U_C)I = (X_L - X_C)I^2 = Q_L - Q_C = UI\sin\varphi$$

$$S = UI$$

RLC 串联电路的功率三角形如图 4-61 所示。

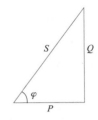

图 4-61　RLC 串联电路的功率三角形

实践环节

RLC 串联电路实验

➤ 设计一个 RLC 串联电路并接线，用示波器观察各元器件上的电压波形及电压与电流的相位差。设计表格，记录测量结果。

知识拓展

串联电路的谐振

我们在收听广播时需要选台，收音机的选台电路部分就是一个串联谐振电路。

【串联谐振】　RLC 串联电路发生谐振时称为串联谐振，发生串联谐振时感抗等于容抗，即

$$X_L = X_C \text{ 或 } \omega L = \frac{1}{\omega C}$$

【谐振电路特点】　发生谐振时，电路表现出如下特点：

1）电路的阻抗最小，总阻抗等于 RLC 串联电路的电阻 R。

2）电路中的电流最大，谐振电流为

$$I_0 = \frac{U}{Z_0} = \frac{U}{R}$$

【串联谐振在电力上的危害】 在电力工程上要防止串联谐振的发生，因为在电力电网上，存在着大量的电感和电容（电感为电动机、电感线圈等，电容为功率因数补偿电容器、容性负载等），如果电路发生谐振，产生的高电压会将电容或电感的绝缘介质击穿，造成设备损坏。

巩固与提高

1. 填空题

（1）在 RL 串联电路中，若已知 $U_R = 6V$，$U = 10V$，则电压 $U_L = $ _____ V。

（2）在 RLC 串联电路中，当 $X_L > X_C$ 时，电路呈_____性；当 $X_L < X_C$ 时，电路呈_____性；当 $X_L = X_C$ 时，电路呈_____性。

（3）一个 RLC 串联谐振电路，$\omega = 1000\text{rad/s}$，$C = 100\mu\text{F}$，则 $L = $ _____ H。

2. 判断题

（1）RL 串联电路中阻抗是电阻和电感对交流电呈现的阻碍作用。 （　　）

（2）RL 串联电路中，电阻、电感和阻抗构成阻抗三角形。 （　　）

（3）在 RC 串联电路中，电路呈容性。 （　　）

4.4　电能测量与节能

4.4.1　电能的测量

电流做功所消耗电能的多少可以用电功来度量，电功的计算公式为

$$W = UIt = Pt$$

电能（或电功）用电能表来计量。交流电能表是累计用户一段时间内消耗电能多少的仪表。电能表按原理划分为感应式和电子式两大类。

感应式电能表结构简单、价格低廉、直观、动态连续、停电不会丢数据。按用途可分为单相电能表、三相三线电能表和三相四线电能表。其中，单相电能表主要用于计量一段时间内家庭的所有电器用电量的总和，而三相电能表则常用于计量电站、厂矿和企业的用电量。

小提示

分 时 计 费

❖ 为缓解我国日趋尖锐的电力供需矛盾，调节负荷曲线，改善用电量不均衡的现象，全面实行峰、平、谷分时电价制度，"削峰填谷"，提高全国的用电效率，合理利用电力资源，国内部分省市的电力部门已开始逐步推出了多费率电能表，对用户的用电量分时计费。

例 4-12　某电烤箱的额定电压为 220V，额定功率为 1000W，把它接到 220V 的工频交流电源上工作。求电烤箱的电阻值和电流。如果连续使用 0.5h，它所消耗的电能是多少？

解：电烤箱接在 220V 交流电源上，它工作在额定状态，这时流过的电流就是额定电流，将电烤箱看成纯电阻负载，所以

$$I_N = \frac{P_N}{U_N} = \frac{1000}{220}A \approx 4.55A$$

它的电阻值为

$$R = \frac{U}{I} = \frac{220}{4.55}\Omega \approx 48.4\Omega$$

工作 0.5h 消耗的电能为

$$W = Pt = 1000 \times 0.5 W \cdot h = 0.5 kW \cdot h$$

即 0.5 度。

4.4.2　节能

电能是人们日常生活和企业生产必不可少的能源。随着人们生活水平的提高，电力供需矛盾日益突出，节约用电是缓解供电紧张的当务之急。

环保专家算过一笔账，按火力发电计算，每节约一度电就相当于节省 0.4kg 的标准煤和 4L 纯净水，同时减少 0.272kg 炭粉尘、0.997kg 二氧化碳和 0.03kg 二氧化硫的排放。

日常生活中的电能消耗主要是家用电器，每个人都应该有节电的意识，并应从小处做起。如：选用节能灯，如果每个家庭换上一只节能型荧光灯，那么全国每年就能相应减少 10% 的照明用电；选择节能型家电；合理使用空调器，据专家测算，一台 1.5 匹[⊖]分体式单冷空调器，如果温度调高 1℃，按运行 10h 计算能节省 0.5kW · h；把电视机的音量和亮度调至最佳状态，音量过大、亮度过强都会过度消耗电能；电冰箱应放在阴凉通风处，使用时尽量减少开门次数和时间；避免计算机、电视、热水器等长期处于待机状态；在离开办公室、教室等公共场合时，要随手关灯，等等。

对于企业节约用电，要从管理和技术上对用电进行改革，要制定相应的规章制度，严格控制电能的使用；加强照明管理，确保照明设施的有效利用，避免浪费；合理利用工业余热进行生产活动。

节约用电，提高电能的利用率，从我做起，从身边的小事做起，让节约成为一种社会责任。

知识拓展

中国能效标识

能效标识又称能源效率标识，是附在耗能产品或其最小包装物上，表示产品能源效率等级等性能指标的一种信息标签，目的是为用户和消费者的购买决策提供必要的信息，以引导和帮助消费者选择高能效节能产品。

目前已有 100 多个国家和地区实施了能效标识制度。能效标识为背部有黏性的、顶部标有"中国能效标识"（CHINA ENERGY LABEL）字样蓝白背景的彩色标签，一般粘贴在产品的正面面板上，分为 1、2、3、4、5 共 5 个等级：等级 1 表示产品达到国际先进水平，最

⊖　1 匹 = 1 马力 = 735.499W。

节电，即耗能最低；等级 2 表示比较节电；等级 3 表示产品的能源效率为我国市场的平均水平；等级 4 表示产品能源效率低于市场平均水平；等级 5 是市场准入指标，低于该等级要求的产品不允许生产和销售。

世界各国都通过制定和实施能效标准、推广能效标识制度来提高用能产品的能源效率，促进节能技术进步，进而减少有害物的排放和保护环境。

以空调能效标识为例，上面的信息包括：产品的生产者名称、规格型号、能效等级、能效比、输入功率、制冷量、依据的国家标准号，如图 4-62 所示。其中"输入功率"表明了空调在标准工况下工作时单位时间所要消耗的电能，"制冷量"则是表示空调在标准工况下的制冷能力，"能效比"则可以由前两者计算得出：能效比＝制冷量/输入功率。

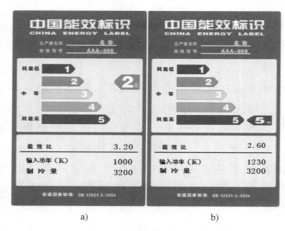

图 4-62　中国能效标识

a）空调 A　b）空调 B

4.4.3　功率因数的提高

1. 功率因数提高的意义

功率因数是指用电负荷的有功功率与视在功率的比值。功率因数的大小与电路的负载性质有关，如白炽灯、电阻炉等电阻性负载的功率因数为 1，一般具有电感或电容性负载的电路功率因数都小于 1。电力用户用电设备，如变压器、异步电动机、电力线路等，除从电力系统吸取有功功率外，还要吸取无功功率，完成电磁能量的相互转换，才能做功。电路的无功功率大，降低了设备容量的利用率，也增加了电力系统输电过程中的有功功率损耗。所以供电部门对用电单位的功率因数有一定的标准要求。

功率因数低会引起以下不良后果：

1）电源设备的容量不能得到充分利用。发电机、变压器等电源设备在保证其输出的电压和电流不超过额定值的情况下，$\cos\varphi$ 越低，发电设备输出的有功功率就越小，设备容量利用越不充分。如一台容量为 100kV·A 的变压器，若负载的 $\cos\varphi = 1$，则此变压器就能输出 100kW 的有功功率；若 $\cos\varphi = 0.5$，则此变压器只能输出 50kW 的有功功率，说明变压器的容量不能被充分利用。

2）增加了电路上的功率损耗和电压降。根据电流 $I = \dfrac{P}{U\cos\varphi}$，当电路的有功功率 P 和电

压 U 一定时，$\cos\varphi$ 越小，电路中电流就越大，这就增加了电路和设备上的功率损耗。

因此，提高电路的功率因数对合理科学地使用电能、提高设备利用率和节约电能有着重要意义。

2. 功率因数提高的方法

提高功率因数并非改变用电设备本身的功率因数，而是在保证负载正常工作不受影响的前提下，提高整个电路的功率因数。

1）提高自然功率因数。自然功率因数是在没有任何补偿情况下，用电设备的功率因数。提高自然功率因数的方法有：

① 合理选择电动机容量，防止"大马拉小车"。

② 避免电动机或设备空载运行。

③ 合理配置变压器，恰当地选择其容量。

2）采用人工补偿无功功率。实际中可使用电路电容器或调相机，一般多采用在感性负载两端并联电容器的方法补偿无功功率，提高电路的功率因数。

并联电容器的补偿方法又分为：

① 个别补偿。适合用于低压网络，优点是补偿效果好，缺点是电容器利用率低。如在荧光灯电路的输入端并联一个合适的电容器 C，就可以使该电路的功率因数由 0.5 提高到 0.9。

② 分组补偿。实际中将电容器分别安装在各车间配电盘的母线上。特点是电容器利用率较高且补偿效果也较理想。

③ 集中补偿。把电容器组集中安装在变电所的一次或二次侧的母线上。在实际中会将电容器接在变电所的高压或低压母线上，电容器组的容量按配电所的总无功负荷来选择。特点是电容器利用率高，但不能减少用户内部配电网络的无功负荷。

巩固与提高

1. 填空题

（1）交流电路中的有功功率用符号_____表示，其单位是_____或_____。

（2）交流电路中的无功功率用符号_____表示，其单位是_____。

（3）电能用_____来计量。

2. 单选题

（1）交流电路中，提高功率因数的目的是（　　）。

A. 增加电路的功率损耗　　　　　　B. 增加负载的输出功率

C. 降低设备的利用率　　　　　　　D. 提高电源利用率

（2）为提高功率因数，常在感性负载两端（　　）。

A. 并联电抗器　　　B. 串联电抗器　　　C. 并联电容器　　　D. 串联电容器

实训 4-4　照明电路配电板的安装

实训目标

1）掌握单相电能表的工作原理；

2）设计多只白炽灯并联的电能计量电路；

3）独立完成单相电能表电路的安装、调试；

4）掌握自检电路的方法。

实训器材

单相电能表一块、带剩余电流保护的断路器一个、熔断器三个。

实训内容

低压配电板、配电箱是连接电源与用电设备的中间装置，它除了分配电能外，还具有对用电设备进行控制、测量、指示及保护等功能。

1. 单相电能表认识

【外形】 单相电能表多用于家用配电线路中，其规格多用其工作电流表示，常用规格有 2.5（10）A、5（20）A、10（40）A、15（60）A 等，括号中为允许过载量。它是累积记录用户一段时间内消耗电能多少的仪表，其外形如图 4-63 所示。

  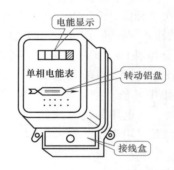

图 4-63 单相电能表的外形

当用户的用电设备工作时，其面板窗口中的铝盘将转动，带动计数机构在其机械式计数器窗口显示出读数。电路中负载功率越大，铝盘旋转越快，相同时间内用电也越多。

【结构】 由感应系测量机构组成的电能表型号很多，但其基本结构是相似的，如图 4-64 所示。

它主要由以下几部分构成：

1）驱动元件：包括电流元件和电压元件。电流元件由铁心及绕在它上面的电流线圈（导线粗、匝数少）组成；电压元件由铁心及绕在它上面的电压线圈（导线细、匝数多）组成。此两元件共同作用产生了转矩。

2）转动元件：由铝盘和转轴组成，轴上装有传递转数的蜗杆。仪表工作时，铝盘上产生的涡流和交变磁通相互作用产生转矩，驱使铝盘转动。

3）制动元件：由永久磁铁组成，其作用是在铝盘转动时产生制动转矩，使铝盘的转速与负载的功率大小成正比。

4）积算机构：用来计量铝盘在一定时间内的转数，实现电能的测量和积算。积算机构由蜗杆、蜗轮、齿轮和滚轮等元件组成。从滚轮组前面的窗孔所读出的数值，是电能表的累积数值。某一段时间内的电能等于这段时间末的读数减去开始时的读数之差。

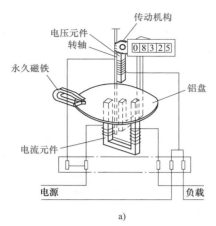

图 4-64　感应系电能表结构

a）结构示意图　b）实物图

【接线】　一般家庭用电量不大，电能表可直接接在电路上。单相电能表接线盒里共有四个接线桩，从左至右按 1、2、3、4 编号，直接接线方式为：接线端子编号 1 是相线入，2 是相线出；3 是中性线入，4 是中性线出，如图 4-65 所示。

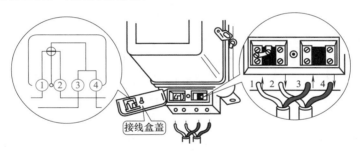

图 4-65　单相电能表接线图

单相电能表一般应装在配电盘的左边或上方，而开关应装在右边或下方。上、下进线间的距离大约为 80mm，与其他仪表左右距离大约为 60mm。安装时应注意，电能表与地面必须垂直，否则将影响电能表计数的准确性。

【其他形式电能表】　图 4-66 为几种其他形式电能表的外形。

图 4-66　其他形式电能表的外形

a）复费率电能表　b）单相电子式电能表　c）预付费电能表

2. 电路安装

【电路图】　照明电路配电板电路如图 4-67 所示。

单相电度表的使用

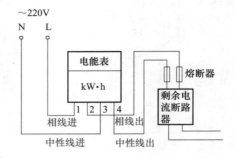

图 4-67　照明电路配电板电路

【安装接线】　按要求进行电路的安装接线。安装接线时应注意：

1）走线应横平竖直，分布均匀。转角弯成 90°，弯曲部分自然圆滑，全电路弧度保持一致。

2）导线剖削时不应损伤线芯和导线绝缘。剥线长度合适，导线安装后以露铜 2mm 为宜。

3）导线压接牢固，稍用力拉扯不应有松动感。

4）多股导线与端子排连接时，应加装冷压端子，涮锡后，再压接在端子排上。导线与接线螺栓连接时，应不反圈、不压绝缘层和不露铜过长。导线与压线孔连接时，应把多股导线过锡后穿孔，用紧固螺钉（顶丝）压接，注意不得减少导线股数。

5）中性线（N）和保护地线（PE 线）汇流排，接线时，一个接线端子上只可接一根导线，并且要加平垫圈和弹簧垫圈。各支路中性线和保护地线应在汇流排上连接，不得绞接。

6）箱体和壳架也要可靠接地。

小技巧

实际工程中，应注意：

❖接线前要对各进出线回路进行绝缘电阻测试，绝缘电阻阻值均大于 0.5MΩ，电缆大于 10MΩ。

❖配电板应安装在不易受振动的建筑物上，板的下缘离地面 1.5～1.7m。安装时除注意预埋紧固件外，还应保持电能表与地面垂直，否则将影响电能表计量的准确性。

❖各回路要编号，分户配电箱和电表箱的各分路均要用标签纸，用碳素笔标明回路编号、回路名称，各配电箱的出线开关也要注明其所控制的设备名称。

实训评价

照明电路配电板的安装评价标准见表 4-15。

表 4-15 自评互评表

班级		姓名		学号		组别		
项目	考核内容	配分		评分标准			自评分	互评分
元器件的识别与检测	对所用元器件进行识别和检测	30		元器件有质量问题未检测出的,每错一处,扣 1~5 分				
元器件安装	元器件布置合理、安装牢固	30		1. 元器件位置不正,定位不合理,每处扣 1~2 分 2. 元器件安装不牢固,每处扣 1~2 分 3. 损坏元器件,每处扣 1~5 分				
导线连接	电路连接正确,符合布线工艺要求	30		1. 导线敷设不直,酌情扣 1~2 分 2. 导线连接不牢,每处扣 1~2 分 3. 导线漏铜过多或反圈,每处扣 1~5 分				
安全文明操作	1. 工作台上工具排放整齐 2. 严格遵守安全操作规程	10		1. 工作台上不整洁,扣 1~5 分 2. 违反安全文明操作规程,酌情扣 1~5 分				
合计		100						

学生交流改进总结:

教师总评及签名:

 巩固与提高

1. 单选题

(1) 电能表面板上标明的"2.5 (10)"中的"2.5"是指 (   )。

A. 额定电压　　　　B. 额定电流　　　　C. 最小电流　　　　D. 功率

(2) 电能表是记录用户一段时间能消耗 (   ) 多少的仪表。

A. 电压　　　　　　B. 电流　　　　　　C. 电能　　　　　　D. 电功率

(3) 地线颜色一般采用 (   )。

A. 黄绿双色　　　　B. 红色　　　　　　C. 蓝色　　　　　　D. 绿色

2. 判断题

(1) 电能表中的铝盘转得越快,相同时间内的用电就越多。　　　　　　　(   )

(2) 单相电能表接线时从左到右依次为:"相进相出、零进零出"。　　　　(   )

(3) 电能表可以与地面平行安装。　　　　　　　　　　　　　　　　　　(   )

*4.5 非正弦周期波

电视机和示波器的扫描电路中应用的锯齿波、晶闸管的触发信号用到的尖脉冲、语音转化的电信号、桥式整流电路输出的电压波形等都是非正弦交流电。不按正弦规律做周期性变化的电压或电流波形，称为非正弦周期波。常见的非正弦周期波如图 4-68 所示。

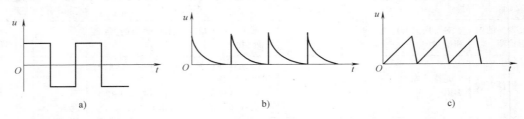

图 4-68　常见的非正弦周期波

a）矩形波　b）尖脉冲　c）锯齿波

实践环节

➤将两台低频信号发生器串联后连接到示波器的输入端，e_1 的频率调整为 100Hz，e_2 的频率调整为 300Hz，在示波器上显示波形如图 4-69 所示。

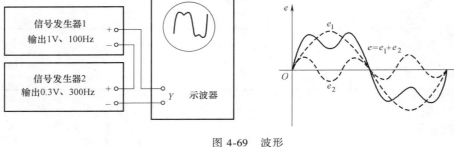

图 4-69　波形

在示波器显示出的是一个非正弦波形，它是由 100Hz 和 300Hz 的两个正弦交流电叠加的结果。理论和实验均可以证明：<u>任何一个非正弦周期信号都可以分解成几个不同频率的正弦信号</u>。

1. 谐波的概念

由于 e 是由 e_1 和 e_2 合成的，把正弦信号 e_1 和 e_2 称为非正弦信号 e 的谐波分量。e_1 的频率与 e 的频率相同，这个正弦波称为非正弦波的基波（或一次谐波）；e_2 的频率为基波的 3 倍，称为三次谐波，某一谐波分量的频率是基波的几倍就称为几次谐波，非正弦波中还包含直流分量，直流分量可以看作零次谐波。奇次谐波的频率为基波的奇数倍，偶次谐波的频率为基波的偶数倍。

2. 谐波的产生

谐波产生的原因很多，通常有以下三种情况。

1）采用非正弦交流电源。如方波发生器、锯齿波发生器等脉冲信号源，输出的信号就是非正弦周期波。

2）同一电路中有不同频率的电源共同作用。

3）电路中存在非线性元件。

3．电网谐波的危害

电视机、计算机、复印机、电子式照明设备、变频调速装置、开关电源、电弧炉等用电负载大都是非线性负载，都是谐波源，如将这些设备中的谐波电流注入公用电网，必然会造成污染，使公用电网电源的波形发生畸变，增加谐波成分。同时非线性电力设备的广泛应用，导致电力系统中谐波问题越来越严重，一方面造成电力设备的损坏，加速绝缘介质老化；另一方面也影响计算机、电视机等电子设备正常工作。因而应合理规划电网，电力电子设备（特别是一次设备）应符合电磁发射水平，电子设备、电子仪器应满足电磁兼容性要求。

本 章 小 结

1．正弦交流电的基本概念

1）正弦交流电的三要素。正弦交流电可由最大值（或有效值）、角频率（或频率或周期）和初相位来描述它的大小、变化快慢及任意时刻的大小和变化进程。

2）正弦交流电的有效值与最大值满足：有效值 $= \dfrac{最大值}{\sqrt{2}}$。

3）两个同频率正弦量的初相位之差，称为相位差。两个同频率的正弦量有同相、反相、超前和滞后的相位关系。

2．正弦交流电的表示法

正弦交流电可用解析式、波形图和旋转矢量三种方法来表示。只有同频率的正弦交流电才能进行相量分析。

3．单一参数的正弦交流电路

R、L、C 元件上电压与电流之间的相量关系、有效值关系和相位关系见表 4-16。

表 4-16　参数元件的关系

元 件 名 称	相 量 关 系	有 效 值 关 系	相 位 关 系	相 量 图
电阻 R	$\dot{U}_R = R\dot{I}_R$	$U_R = RI_R$	$\psi_u = \psi_i$	$O \quad \overrightarrow{\dot{U}_R \quad \dot{I}_R}$
电感 L	$\dot{U}_L = jX_L\dot{I}_L$	$U_L = X_LI_L$	$\psi_u = \psi_i + 90°$	$\dot{U}_L$ 垂直，$\dot{I}_L$ 水平
电容 C	$\dot{U}_C = -jX_C\dot{I}_C$	$U_C = X_CI_C$	$\psi_u = \psi_i - 90°$	$\dot{I}_C$ 水平，$\dot{U}_C$ 向下

4. RLC 串联的交流电路

电压电流相量关系：$\dot{U} = \dot{I} \ [R + j(X_L - X_C)]$

阻抗：$|Z| = \sqrt{R^2 + (X_L - X_C)^2} = \sqrt{R^2 + X^2}$

阻抗角：$\varphi = \arctan \dfrac{X_L - X_C}{R}$

5. 正弦交流电路的功率

有功功率：$P = UI\cos\varphi$

无功功率：$Q = UI\sin\varphi$

视在功率：$S = UI$

6. 功率因数的提高

提高电路的功率因数对提高设备利用率和节约电能有着重要意义。一般采用在感性负载两端并联电容器的方法来提高电路的功率因数。

练 习 题

1. 单选题

（1）交流电每秒变化的电角度称为 （　　　）。

A. 频率　　　　　　　B. 周期　　　　　　　C. 角频率　　　　　　　D. 相位

（2）正弦交流电的最大值为其有效值的 （　　　）。

A. $\sqrt{3}$ 倍　　　　B. $\sqrt{2}$ 倍　　　　C. $1/\sqrt{3}$ 倍　　　　D. $1/\sqrt{2}$ 倍

（3）在 RLC 串联的单相交流电路中，当 $X_L < X_C$ 时，则该负载呈（　　　）。

A. 感性　　　　　　　B. 容性　　　　　　　C. 阻性　　　　　　　D. 无法确定

（4）在交流纯电感电路中，电路的 （　　　）。

A. 有功功率等于零　　　　　　　　B. 无功功率等于零

C. 视在功率等于零　　　　　　　　D. 有功功率等于无功功率

（5）有功功率的单位是 （　　　）。

A. W　　　　　　　　B. V·A　　　　　　　C. var　　　　　　　D. A

（6）视在功率的单位是 （　　　）。

A. W　　　　　　　　B. V·A　　　　　　　C. var　　　　　　　D. V

（7）为了提高电力系统的功率因数，常在负载端（　　　）。

A. 并联电抗器　　B. 并联电容器　　　C. 串联电容器　　　D. 串联电抗器

（8）交流电的三要素是指最大值、频率和 （　　　）。

A. 相位　　　　　　　B. 角度　　　　　　　C. 初相位　　　　　　　D. 电压

2. 判断题

（1）在测量交流电路的电流时，交流电流表的读数为有效值。　　　　　　（　　　）

（2）一只额定电压为 220V 的白炽灯可以接在最大值是 311V 的正弦交流电上。（　　　）

（3）用交流电压表测得的电压值是瞬时值。　　　　　　　　　　　　　　（　　　）

（4）频率是 50Hz 的正弦交流电，周期是 0.02s。　　　　　　　　　　　（　　　）

（5）电感对电流的阻碍作用称为感抗。　　　　　　　　　　　　　　　　（　　）

（6）电感线圈在交流电路中不消耗有功功率。　　　　　　　　　　　　（　　）

（7）无功功率是无用的。　　　　　　　　　　　　　　　　　　　　　（　　）

（8）为了提高电力系统的功率因数，常在感性负载电路中串联适当的电容器。

（　　）

3. 综合题

（1）某计算机机房（若配置计算机 50 台，每台按 250W 计算）每天开机 10h，1 个月用多少度电？

（2）一个标有 220V，100W 的灯泡，加在灯泡两端的电压 $u = 220\sqrt{2}\sin 314t$ V，求：1）交流电的频率；2）通过灯泡的电流有效值；3）电流的瞬时表达式。

（3）一个 5mH 的电感线圈接在 $u = 20\sqrt{2}\sin(10^6 t + 30°)$ V 的电源上，试写出电流的瞬时值表达式，画出电流、电压的相量图。

（4）一个 10μF 的电容器接在 $u = 220\sqrt{2}\sin(314t + 30°)$ V 的电源上，试写出电流的瞬时值表达式，画出电流、电压的相量图。

知 识 问 答

问题 1. 照明开关为何必须接在相线上？

答：如果将照明开关装设在中性线上，虽然断开时电灯也不亮，但灯头的相线仍然是接通的，而人们以为灯不亮，就会错误地认为是处于断电状态。而实际上灯具上各点的对地电压仍是 220V 的危险电压。如果人们触及这些实际上带电的部位，就会造成触电事故。所以各种照明开关或单相小容量用电设备的开关，只有串联在相线上，才能确保安全。

问题 2. 单相三孔插座如何安装才正确？为什么？

答：通常单相用电设备，特别是移动式用电设备，都应使用三极插头和与之配套的三孔插座。三孔插座上有专用的保护接地插孔，在采用接零保护时，有人常常仅在插座内将此孔接线桩头与引入插座内的那根中性线直接相连，这是极为危险的。因为万一电源的中性线断开，或者电源的相线、中性线接反，其外壳等金属部分也将带上与电源相同的电压，这就会导致触电。

问题 3. 在家庭配电中，每户电能表后都有一个开关箱，说明它是怎样分配电能的？

答：家庭用电都是根据需要来分支，各个支路的配线用断路器向插座、开关、照明灯具及其他负荷配电。图 4-70 即为某家庭室内配线专用分支电路，从开关箱处分了四路供电，即照明电路、普通插座电路、厨房专用插座电路和柜式空调等大功率电器专用电路。

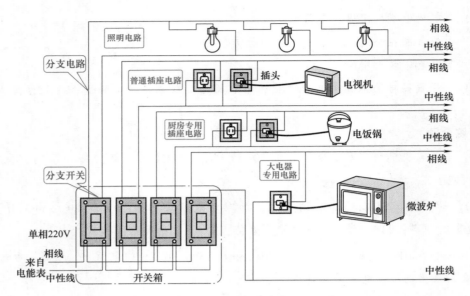

图 4-70　某家庭室内配线专用分支电路

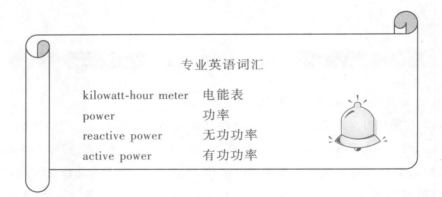

专业英语词汇

kilowatt-hour meter	电能表
power	功率
reactive power	无功功率
active power	有功功率

第5章 三相正弦交流电路

 本章导读

知识目标

1. 了解三相交流电源的概念，理解相序的概念；
2. 了解电源星形联结，了解我国电力系统的供电制；
3. 了解三相电路中对称负载的线电流、相电流关系及线电压、相电压关系，会计算三相功率；
4. 了解对称负载与不对称负载的概念，理解中性线的作用；
5. 了解保护接地原理，掌握保护接零的方法，了解其应用；
6. 了解电气安全操作规程。

技能目标

1. 会测量交流电压、交流电流；
2. 能安装三相照明电路并检测。

素养目标

1. 了解我国的先进技术和设备，树立民族自豪感；
2. 精益求精、爱岗敬业，具有奉献精神；
3. 了解电气操作规程，安全用电、节约用电。

学习重点

1. 三相四线制、三相五线制；
2. 对称三相负载的联结。

5.1　三相正弦交流电源

案例导入

　　工业上应用最多的交流电是三相交流电，单相交流电实际上也是三相交流电的一部分。三相交流电通过发电、升压、输送、降压等构成的供电系统提供给用户，三相交流电的输送如图 5-1 所示。

图 5-1　三相交流电的输送

5.1.1　三相交流电的产生

　　三相交流电是由三相交流发电机产生的，如图 5-2 所示。

　　三相交流发电机定子的三相对称绕组 A1—A2、B1—B2、C1—C2 对称地嵌在定子铁心中，当由原动机带动转子转动时，就可以产生对称的三相交流电，其幅值相等、频率相同、相位依次相差 120°。以 e_U 为参考正弦量，则三相电动势的瞬时值表达式为

$$\begin{cases} e_A = E_m \sin \omega t \\ e_B = E_m \sin(\omega t - 120°) \\ e_C = E_m \sin(\omega t + 120°) \end{cases} \tag{5-1}$$

图 5-2　三相交流电的产生

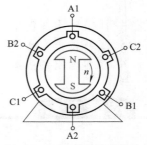

三相交流发电
机工作原理

　　它们的波形图和相量图如图 5-3 所示。

　　三相交流电动势在时间上出现最大值的先后顺序称为相序。相序一般分为正相序（正序）、负相序（负序）。最大值按 A—B—C—A 顺序循环出现的称为正相序；最大值按 A—C—B—A 顺序循环出现的称为负相序。

　　在电工技术和电力工程中，把这种幅值相等、频率相同、相位依次相差 120°的三相电动势叫作对称三相电动势，能供给三相对称电动势的电源叫作对称三相电源。

5.1.2　三相正弦交流电源的联结

　　在生产中，三相交流发电机的三个绕组都是按一定方式连接起来向负载供电的。通常有两种接法：一种是星形（Y）联结；另一种是三角形（△）联结。

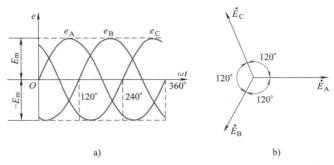

图 5-3　对称三相交流电波形图和相量图

a）波形图　b）相量图

1. 星形联结

将电源三相绕组的末端 A2、B2、C2 连接在一起，成为一个公共点，由三个首端 A1、B1、C1 分别引出三条导线，这种联结形式称为星形（丫）联结，如图 5-4a 所示。其中，公共点称为中性点或零点，用 N 表示；从中性点引出的导线称为中性线，俗称零线。从首端引出的三根导线称为相线，俗称火线，分别用 A、B、C 表示。这种具有中性线的供电方式称为三相四线制，若无中性线、只引出三根相线的供电方式称为三相三线制。通常低压供电网均采用三相四线制，其四根导线可用不同颜色（黄、绿、红、浅蓝）标记。

三相四线制可以给负载提供两种电压，即相电压和线电压。任意两条相线间的电压称为线电压，线电压的有效值分别用 U_{AB}、U_{BC}、U_{CA} 表示，一般用符号 "U_L" 表示；各相线与中性线之间的电压称为相电压，相电压的有效值分别用 U_A、U_B、U_C 表示，一般用符号 "U_P" 表示。

对称三相电源星形联结时的电压相量图如图 5-5 所示。

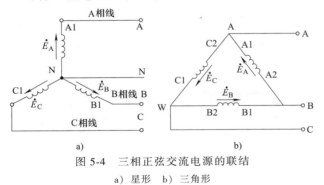

图 5-4　三相正弦交流电源的联结

a）星形　b）三角形

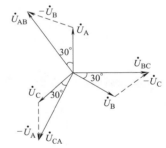

图 5-5　对称三相正弦交流电源
星形联结时的电压相量图

对称三相电源星形联结时，线电压的大小是相电压的 $\sqrt{3}$ 倍，其公式为

$$U_L = \sqrt{3}\,U_P \tag{5-2}$$

在相位上，线电压超前相应的相电压 30°。

2. 三角形联结

将三相绕组的各相末端与相邻绕组的首端依次相连，即 A2 与 B1、B2 与 C1、C2 与 A1 相连，使三个绕组构成一个闭合的三角形回路，这种联结方式称为三角形（△）联结，如

图 5-4b 所示。

三角形联结只能引出三条相线向负载供电。所以这种供电方式只能提供一种电压。

知识拓展

三相五线制

三相五线制是在三相四线制基础上增加了一根保护地线 PE，五线分别为三根相线、一根中性线 N、一根保护地线 PE。PE 线和设备的金属外壳相连，使用电设备外壳上电位始终处在"地"电位，从而消除了设备产生危险电压的隐患。在户内绝不允许将 N 线和 PE 线接到一起。

实际应用时规定各导线的颜色为：U 相线为黄色、V 相线为绿色、W 相线为红色、N 线为淡蓝色、PE 线为黄绿双色。

巩固与提高

1. 填空题

（1）三相四线制中，中性线用字母_____表示。

（2）对称三相电源星形联结时，线电压相位超前相电压相位_____。

（3）相线与中性线之间的电压叫作_____，相线与相线之间的电压叫作_____。

2. 单选题

（1）对称三相电源星形联结时，线电压是相电压的（　　）倍。

A. $\sqrt{2}$　　　　　　B. $\sqrt{3}$　　　　　　C. 1　　　　　　D. 3

（2）对称三相电源三角形联结时，线电压是相电压的（　　）倍。

A. $\sqrt{2}$　　　　　　B. $\sqrt{3}$　　　　　　C. 1　　　　　　D. 3

5.2 三相负载的联结

案例导入

图 5-6 所示是一台运架一体架桥机正在秦沈铁路客运专线进行运梁作业。该架桥机可架设多种型号的铁路双线箱梁，为我国铁路建设提供了先进的技术设备。该架桥机的卷扬机就属于三相负载。

图 5-6 架桥机用于铁路工程

三相电路中的三相负载，可分为对称三相负载和不对称三相负载。每一相的负载大小和性质完全相同的叫作对称三相负载；每一相的负载大小和性质不同的叫作不对称三相负载。在三相电路中，三相负载可分为星形联结和三角形联结两种形式。

5.2.1　对称三相负载的星形联结

三相负载的星形联结如图 5-7 所示。

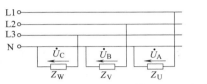
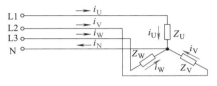

图 5-7　三相负载的星形联结

电路中流过每一相负载的电流称为相电流，分别用 I_A、I_B、I_C 表示，一般用 I_P 表示。流过每根相线的电流称线电流，分别用 I_A、I_B、I_C 表示，一般用 I_L 表示。

从图中可知，三相负载星形联结的线电流等于相电流，即

$$I_L = I_P \tag{5-3}$$

当给定电源线电压 U_L 时，由于加在各负载上的电压是相电压 U_P，故当负载对称时，各相电压与线电压的关系为

$$U_L = \sqrt{3}\, U_P \tag{5-4}$$

当三相电路中的负载完全对称时，在任意一个瞬间，三个相电流中，总有一相电流与其余两相电流之和大小相等，方向相反，正好互相抵消。所以，流过中性线的电流等于零，即

$$I_N = 0 \tag{5-5}$$

在对称三相星形联结电路中，由于流过中性线的电流为零，故中性线可以去掉，三相四线制就可以变成三相三线制供电。例如三相异步电动机及三相电炉等负载，可以认为其绕组（或炉丝）是对称的，当采用星形联结时，电源对该类负载供电就不需接中性线。通常在高压输电时，由于三相负载都是对称的三相变压器，所以都采用三相三线制供电。

例 5-1　负载为星形联结的对称三相电路，电源线电压为 380V，每相阻抗 $|Z| = 10\Omega$，求负载的相电压、相电流及线电流。

解： 由于负载为星形联结，所以

$$U_L = \sqrt{3}\, U_P$$

相电压
$$U_P = \frac{U_L}{\sqrt{3}} = \frac{380\text{V}}{\sqrt{3}} \approx 220\text{V}$$

相电流
$$I_P = \frac{U_P}{|Z|} = \frac{220\text{V}}{10\Omega} = 22\text{A}$$

线电流
$$I_L = I_P = 22\text{A}$$

例 5-2　已知星形联结的对称三相负载每相电阻为 10Ω，感抗为 150Ω，对称三相线电压的有效值为 380V，求此负载的相电流 I_P。

解： 负载为星形联结，所以负载相电压的有效值为

$$U_P = \frac{U_L}{\sqrt{3}} = \frac{380}{\sqrt{3}} V = 220V$$

负载的相电流有效值为

$$I_P = \frac{U_P}{|Z_P|} = \frac{U_P}{\sqrt{R^2 + X_L^2}} = \frac{220}{\sqrt{10^2 + 150^2}} A = 1.46A$$

5.2.2 不对称三相负载的星形联结

在日常生活中,我们接触的负载,如电灯、电视机、电冰箱、电风扇等家用电器及单相电动机,它们工作时需要的相线只有一根,因而属于单相负载。在三相四线制供电时,多个单相负载应尽量均衡地分别接到三相电路中,而不应把它们集中在一相电路中。如果三相电路中的每一相所接的负载阻抗和性质都相同,就说三相电路中负载是对称的。

在负载对称的条件下,各相电流大小相等、相位依次相差120°,所以,在每一时刻流过中性线的电流之和为零,把中性线去掉,用三相三线制供电就可以了。但实际上多个单相负载接到三相电路中构成的三相负载不可能完全对称。在这种情况下中性线显得特别重要,而不是可有可无。有了中性线,每相负载两端的电压总等于电源的相电压,不会因负载的不对称和负载的变化而变化,就如同每一相电源单独对每一相的负载供电一样,各负载都能正常工作。

若是负载不对称又没有中性线,就形成不对称负载的三相三线制供电。由于负载阻抗的不对称,相电流也不对称,负载相电压也自然不能对称。有的相电压可能超过负载的额定电压,造成负载被损坏;有的相电压可能低些,造成负载不能正常工作。

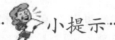小提示

❖ 对称三相负载星形联结,既可采用三相三线制也可采用三相四线制,中性线的电流为零。

❖ 不对称三相负载星形联结,必须采用三相四线制,而且中性线不允许安装开关和熔断器。

5.2.3 三相负载的三角形联结

三相负载作三角形联结时,如图5-8所示,线电压等于相电压,无论三相负载对称与否都成立。当三相负载对称时,线电流等于相电流的$\sqrt{3}$倍,即 $U_L = U_P$, $I_L = \sqrt{3} I_P$。

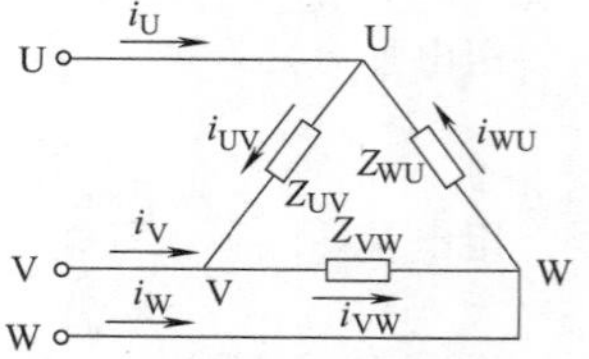

例5-3 有三个100Ω的电阻,将它们连接成三角形负载,接到线电压为380V的对称三相电源上构成对称三相电路,如图5-8所示。试求:负载的线电压、相电压、线电流和相电流各是多少。

图5-8 三相负载的三角形联结

解:负载作三角形联结,负载的线电压为 $U_L = 380V$
负载的相电压等于线电压,即 $U_P = U_L = 380V$

负载的相电流为
$$I_P = \frac{U_P}{R} = \frac{380}{100}A = 3.8A$$

线电流为相电流的$\sqrt{3}$倍，即
$$I_L = \sqrt{3}\,I_P = \sqrt{3} \times 3.8A \approx 6.58A$$

巩固与提高

1. 单选题

（1）对称三相负载作星形联结时，线电流是相电流的（   ）倍。

A. 1   B. 2   C. $\sqrt{3}$ D. 3

（2）对称三相负载作星形联结时，线电压是相电压的（   ）倍。

A. 1   B. 2   C. $\sqrt{3}$ D. 3

（3）对称三相负载作三角形联结时，线电流是相电流的（   ）倍。

A. 1   B. 2   C. $\sqrt{3}$ D. 3

（4）对称三相负载作三角形联结时，线电压是相电压的（   ）倍。

A. 1   B. 2   C. $\sqrt{3}$ D. 3

2. 判断题

（1）三相四线制的电压为"380/220"，它表示线电压为380V，相电压为220V。
                                                                        （   ）

（2）三相负载作三角形联结时，线电压等于相电压。   （   ）

（3）采用三相四线制的供电线路，任意一根相线和中性线都能构成照明线路的电源。
                                                                        （   ）

（4）照明及其他单相负载要均匀分配在三相电源线上。   （   ）

5.3 三相负载的功率

三相交流电路中，三相负载消耗的总电功率为各相负载消耗功率之和，即
$$P = P_U + P_V + P_W$$
$$= U_U I_U \cos\varphi_U + U_V I_V \cos\varphi_V + U_W I_W \cos\varphi_W$$

当三相电路对称时，三相负载的电压、电流、阻抗角相等，三相交流电路的功率等于三倍的单相功率，即
$$P = 3U_P I_P \cos\varphi$$

在一般情况下，相电压和相电流不容易测量。因此，通常用测得的线电压和线电流来计算功率。
$$P = \sqrt{3}\,U_L I_L \cos\varphi$$

必须注意，这里φ仍是每相负载的相电压与相电流之间的相位差，而不是线电压与线电流间的相位差。

同样的道理，对称三相负载的无功功率和视在功率也一样，即

$$Q = \sqrt{3}\, U_{\text{L}} I_{\text{L}} \sin\varphi$$

$$S = \sqrt{3}\, U_{\text{L}} I_{\text{L}}$$

若三相负载不对称，则应分别计算各相功率，然后求和即为三相总功率。

例 5-4 已知某对称三相负载接在线电压为 380V 的三相电源中，其中每一相负载的阻值 $R=6\Omega$，感抗 $X=8\Omega$。试计算该负载作星形联结时的相电流、线电流以及有功功率。

解：相电压为

$$U_{\text{P}} = \frac{U_{\text{L}}}{\sqrt{3}} = \frac{380}{\sqrt{3}}\text{V} = 220\text{V}$$

每一相的阻抗

$$|Z| = \sqrt{R^2 + X^2} = \sqrt{6^2 + 8^2}\ \Omega = 10\Omega$$

线电流和相电流及功率因数为

$$I_{\text{L}} = I_{\text{P}} = \frac{U_{\text{P}}}{|Z|} = \frac{220}{10}\text{A} = 22\text{A} \qquad \cos\varphi = \frac{R}{|Z|} = \frac{6}{10} = 0.6$$

有功功率为

$$P = \sqrt{3}\, U_{\text{L}} I_{\text{L}} \cos\varphi = \sqrt{3} \times 380 \times 22 \times 0.6\text{W} \approx 8.7\text{kW}$$

实训5　三相照明电路安装与检测

实训目标

1）会按照电气原理图完成三相照明电路的安装；
2）会用钳形电流表测照明电路的电流；
3）能够通过本次实训，理解三相交流电路中性线的作用。

实训器材

钳形电流表 1 块、白炽灯（220V 40W）4 只、导线若干、实训用配电板 1 块。

实训内容

本实训分对称三相负载电路安装与检测、不对称三相负载电路安装与检测两个任务。

任务一　对称三相负载电路安装与检测

1. 识读电气原理图

三相照明电路电气原理图如图 5-9 所示。

2. 安装接线

在配电板上模拟接线，接线工艺可参见第 4 章实训 4-2。

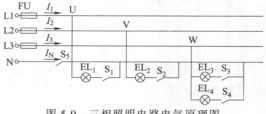

图 5-9　三相照明电路电气原理图

3. 通电检验

检查无误后，经过指导教师同意方可通电试验。

4. 测量与分析

开关 S_4 断开，闭合其余开关，通电前认真检查负载白炽灯，使各相负载所用白炽灯功率一致。测量相电压、线电流、中性线电流，将测量结果记入表 5-1。若所用的万用表没有交流电流档可用钳形电流表来测。

开关 S_4、S_5 断开，重测以上各值，将测量结果记入表 5-1 中。

表 5-1　对称三相负载电路测量结果

状态	相电压			线电流			中性线电流
	U_{UN}	U_{VN}	U_{WN}	I_1	I_2	I_3	I_N
有中性线							
无中性线							

任务二　不对称三相负载电路检测

将 $S_1 \sim S_4$ 开关闭合，电路中三相负载不再对称，分别测量 S_5 闭合和断开两种情况下的相电压、线电流、中性线电流，记入表 5-2。与对称负载情况对比，分析所得数据，说明中性线的作用。

表 5-2　不对称三相负载电路测量结果

状态	相电压			线电流			中性线电流
	U_{UN}	U_{VN}	U_{WN}	I_1	I_2	I_3	I_N
有中性线							
无中性线							

实训评价

三相照明电路安装与检测的评价标准见表 5-3 。

表 5-3　自评互评表

班级		姓名		学号		组别		
项目	考核内容		配分	评分标准			自评分	互评分
识读电路图	能正确识读电路图		20	不能识读电路图，扣 1~20 分				
电路安装与调试	1. 能正确安装电路 2. 能正确调试电路		40	1. 不能正确安装电路，扣 5~20 分 2. 电路接点不牢固，扣 1~5 分 3. 不能正确调试，扣 1~15 分				
电路参数测量	正确使用钳形电流表测量电流		30	1. 不能正确使用钳形电流表测电流，扣 5~20 分 2. 不能对测得的电路参数进行正确分析，扣 5~10 分				
安全文明操作	1. 工作台上工具排放整齐 2. 严格遵守安全操作规程		10	1. 工作台上不整洁，扣 1~5 分 2. 违反安全文明操作规程，酌情扣 1~5 分				
合计			100					

学生交流改进总结：

教师总评及签名：

操作指导　钳形电流表测交流电流

测量电流必须把电流表串入被测回路，因此，一定要先断开电路，再接入仪表，测量完毕后，再把仪表拆除。这给测量工作带来许多不便。钳形电流表的突出优点是不必断开被测电路，就可以测量交流电流，给电流的测量带来极大的方便。因此，钳形电流表成了电工常使用的仪表之一。

1. 钳形电流表外形及结构

钳形电流表外形及结构如图 5-10 所示。

钳形电流表有数字式和机械式两种，它们的基本结构都是由一个测量交流电的电流表与一个能自由开闭的铁心及有多个二次抽头的电流互感器组成的，电流表与电流互感器的二次侧接在一起。使用时，只要先把做成钳形的电流互感器铁心打开，将被测导线含入钳口后再闭合，电流表就会指示出被测电流的数值。钳形电流表还配

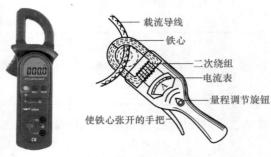

图 5-10　钳形电流表外形及结构

有一个转换开关，通过它可以改变电流互感器二次绕组的匝数，从而改变了电流表的量程。

2. 钳形电流表使用

（1）用前检查

1）外观检查：各部位应完好无损；钳把操作应灵活；钳口铁心应无锈、闭合应严密；铁心绝缘护套应完好；指针应能自由摆动；档位变换应灵活。

2）调整：将表平放，指针应指在零位，否则应调零。

（2）测量步骤

1）选择适当的档位。选档的原则是：

若已知被测电流范围，选用大于被测值但又与之最接近的那一档。若不知被测电流范围，可先置于电流最高档试测（或根据导线截面积估算其安全载流量，适当选档），根据试测情况决定是否需要降档测量。总之，应使表针的偏转角度尽可能地大。

2）测试人应戴手套，将表平端，张开钳口，使被测导线进入钳口后再闭合钳口。

3）读数：根据所使用的档位，在相应的刻度上读取读数。（注意：档位值即是满偏值）

4）如果在最低档位上测量，表针的偏转角度仍很小（表针的偏转角度小，意味着其测量的相对误差大），允许将导线在钳口铁心上缠绕几匝，闭合钳口后读取读数。这时导线上的电流值＝读数÷匝数（匝数的计算：钳口内侧有几条线，就算作几匝）。

3. 使用注意事项

1）测量前对表做充分的检查（检查项目见前），并正确选档。

2）测试时应戴手套（绝缘手套或清洁干燥的线手套），一人操作，一人监护。

3）需换档测量时，应先将导线自钳口内退出，换档后再钳入导线测量。

4）测量时，注意与附近带电体保持安全距离，并应注意不要造成相间短路和相对地短路。

5）不可测量裸导体上的电流。

6）使用后，应将档位置于电流最高档，有表套时将其放入表套，存放在干燥、无尘、无腐蚀性气体且不受振动的场所。

5.4　用电保护

1. 保护接地

为了保护人身安全，避免发生触电事故，将电气设备在正常情况下不带电的金属部分

（如外壳等）与接地装置实行良好的金属性连接，称为保护接地。交流 220/380V 的电网应符合 GB 14050—2008《系统接地的型式及安全技术要求》的规定。

对于中性点不接地的三相电源系统，当接到这个系统上的某电气设备因绝缘介质损坏而使外壳带电时，如果人站在地上用手触及带电外壳，则将有电流通过人体及分布电容回到电源，使人触电，如图 5-11 所示。在一般情况下这个电流是不大的，但是，如果电网分布很广，或者电网绝缘强度显著下降，这个电流可能达到危险程度，因此必须事先对电气设备采取保护接地等安全措施。

如果采用了保护接地措施，当人体触及此类设备的带电外壳时，人体相当于接地装置的一条并联支路，如图 5-12 所示。由于人体电阻远远大于接地装置的接地电阻，因此通过人体的电流很小，避免了触电事故的发生。通常接地装置多用厚壁钢管或角钢制成，接地电阻应小于 4Ω。

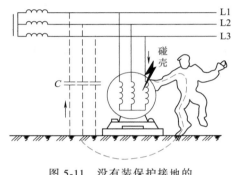

图 5-11　没有装保护接地的
电动机一相碰壳情况

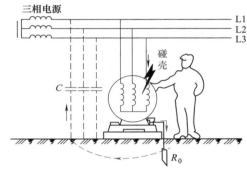

图 5-12　装有保护接地的
电动机一相碰壳情况

对于图 5-13 所示的 TN-C 接地保护系统，当某相出现故障碰壳使电气设备外露可导电部分带电时，相线和 PEN 线（中性线与保护线合二为一）短路，单相短路电流很大，足以使电路上的保护装置（如熔断器）动作，从而将事故点与电源断开，避免发生人身触电事故。

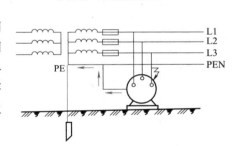

图 5-13　TN-C 接地保护系统

2. 电工安全操作规程

电工作业人员的安全操作规程如下：

1）电工作业人员必须是经过专业培训，考试合格，持有电工作业操作证的人员。

2）电工作业人员因故间断电工工作连续六个月以上者，必须重新考试，合格后方能工作。

3）外单位派遣（借调）的电工作业人员，应持有电工工作安全考核合格证。

4）电工作业人员必须严格执行国家的安全作业规定。

5）电工作业人员必须熟悉有关消防知识，能正确使用消防器材和设备，熟知人身触电后的紧急救护方法。

6）变、配电所及电工班要根据本岗位的实际情况和季节特点，制定完善的规章制度和相应的岗位责任制度。做好预防和安全检查工作，发现问题及时清除。

7）作业现场要备有安全用具、防护用具和消防器材等，并应定期对其进行检测。

8）易燃、易爆场所的电气设备和电路的运行及检修，必须按照国家有关标准执行。

9）电气设备必须有可靠的接地（接零）、防雷和防静电设施，并定期检测。

本 章 小 结

1. 三相对称交流电的幅值相等、频率相同、相位相差120°。

2. 相序一般分为正相序（正序）、负相序（负序）。

3. 三相四线制是三根相线和一根中性线；三相五线制是三根相线、一根中性线（N）和一根保护地线（PE）。

4. 三相负载有两种联结方式：星形（Y）联结和三角形（△）联结。

5. 三相负载作星形联结时，$U_L = \sqrt{3}\,U_P$，$I_L = I_P$，当负载对称时，$I_N = 0$（中性线可以省），当负载不对称时，$I_N \neq 0$，中性线不可以省去。

6. 不论负载是星形联结还是三角形联结，总的有功功率必定等于各相有功功率之和，即

$$P = 3U_P I_P \cos\varphi = \sqrt{3}\,U_L I_L \cos\varphi$$
$$Q = 3U_P I_P \sin\varphi = \sqrt{3}\,U_L I_L \sin\varphi$$
$$S = 3U_P I_P = \sqrt{3}\,U_L I_L$$

练 习 题

1. 填空题

（1）三相四线制供电系统可提供_____种电压。

（2）对称三相绕组接成星形联结时，线电压的大小是相电压的_____倍。

（3）我国低压三相四线制配电线路供给用户的线电压 $U_L =$ _____ V，相电压 $U_P =$ _____ V。

2. 单选题

（1）三相对称电动势在相位上互差（　　）。

A. 90°　　　　　　　B. 120°　　　　　　　C. 150°　　　　　　　D. 180°

（2）三相对称负载是指（　　）。

A. 各相负载的电阻值相等

B. 各相负载的有功功率相等

C. 各相负载的电抗值相等

D. 各相负载性质相同，且各相电阻值、电抗值相等

（3）当照明负载采用星形联结时，必须采用（　　）。

A. 三相三线制　　　B. 三相四线制　　　C. 单相制　　　　D. 任何线制

（4）在三相四线制供电线路上，干路中性线应（　　）。

A. 按额定电流值装熔断器　　　　B. 装熔断器

C. 不允许装熔断器　　　　　　　D. 装不装熔断器视具体情况

（5）停在高压电线上的小鸟不会触电是因为（　　　）。

A. 小鸟是绝缘体，所以不会触电

B. 高压线外面包有一层绝缘层

C. 小鸟的适应性强，耐高压

D. 小鸟只停在一根电线上，两爪间的电压很小

3. 计算题

（1）一个三相电炉，每相电阻为 22Ω，接在线电压为 380V 的对称三相电源上。当电炉接成星形联结时，求相电流、线电流和相电压。

（2）已知三相四线制电源的相电压为 220V。三个电阻性负载作星形联结，负载电阻为 $R_U = 40\Omega$，$R_V = 20\Omega$，$R_W = 20\Omega$。求：1）负载的相电压、相电流及中性线的电流。2）如无中性线，当接负载 R_U 的相线断路时，其他两相电压和电流分别为多少？

知 识 问 答

问题 1. 三相交流电与单相交流电相比，优势是什么？

答：在电源方面，三相发电机和三相变压器比同容量的单相发电机和单相变压器体积小，节约材料，且运行稳定。在输电方面，在同样的输送功率、电压和距离下，三相输电线路比单相输电线路节省有色金属材料约 25%。在用电方面，三相电动机与单相电动机相比，结构简单、维护方便、运转平稳。

问题 2. 为什么要升高电压进行远距离输电？

答：远距离传输的电能一般是三相正弦交流电，输送的功率可用 $P = \sqrt{3}\,UI$ 计算。从公式可看出，如果传输的功率不变，电压越高，则电流越小，这样就可以选用截面较小的导线，节省有色金属。在输送功率的过程中，电流通过导线会产生一定的功率损耗和电压降，如果电流减小，功率损耗和电压降会随着电流的减小而降低。所以，提高输送电压后，选择适当的导线，不仅可以提高输送功率，而且可以降低线路中的功率损耗并改善电压质量。

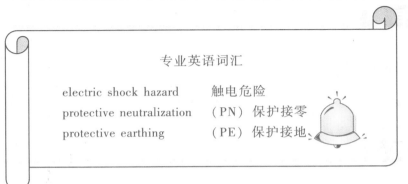

专业英语词汇

electric shock hazard	触电危险
protective neutralization	（PN）保护接零
protective earthing	（PE）保护接地

第6章 磁路与变压器

 本章导读

168

6.1　磁　　路

6.1.1　磁路的物理量

案例导入

变压器、电动机、磁电系仪表等电工设备，为了获得较强的磁场，常常将线圈缠绕在有一定形状的铁心上，铁心是由铁磁材料制成的。图 6-1 所示为常见的几种铁心形状。

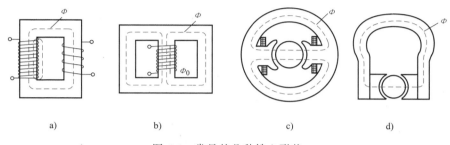

图 6-1　常见的几种铁心形状

a）变压器　b）继电器　c）电动机　d）磁电系仪表

1. 磁路

磁通经过的路径叫作磁路。铁磁材料的磁导率高，具有良好的导磁性能，能使绝大部分磁通经铁心形成一个闭合通路，这部分磁通称为主磁通。而小部分磁通不经磁路而在周围的空气中形成闭合回路，这部分磁通称为漏磁通。利用铁磁材料可以尽可能地将磁通集中在磁路中，磁路分为无分支磁路和分支磁路。图 6-1a、d 是无分支磁路，图 6-1b、c 是有分支磁路。

在实际应用中，一般情况下，漏磁通很少，常略去不计。

2. 磁通势和磁阻

通常在线圈中通入电流产生磁路中的磁通，该电流称为励磁电流，改变励磁电流 I 或线圈匝数 N，就可改变磁通的大小。把励磁电流 I 和线圈匝数 N 的乘积称为磁通势，用符号 F_m 表示，表达式为

$$F_m = NI \qquad (6-1)$$

在磁路中也有磁阻 R_m，它对磁通起阻碍作用，磁阻与磁路的平均长度 l、磁路截面积 S 及磁路材料的磁导率有关，即

$$R_m = \frac{l}{\mu S} \qquad (6-2)$$

在磁路加磁动势 F_m 后，产生磁通 Φ，这样磁的磁通势、磁通及磁阻三者之间的关系可用磁路的欧姆定律表示，即

$$\Phi = \frac{F_m}{R_m} \qquad (6-3)$$

磁路与电路的比较见表 6-1。

表 6-1　磁路与电路的比较

电　路	磁　路
电动势 E	磁通势 $F_m = NI$
电流 I	磁通 Φ
电阻 $R = \rho \dfrac{L}{S}$	磁阻 $R_m = \dfrac{l}{\mu S}$
电阻率 ρ	磁导率 μ
电路欧姆定律 $I = \dfrac{E}{R}$	磁路欧姆定律 $\Phi = \dfrac{F_m}{R_m}$

6.1.2　铁磁性材料

案例导入

把螺钉旋具在磁铁上摩擦几下，螺钉旋具就可以吸住小铁钉了，如图 6-2 所示。

图 6-2　铁磁物质磁化小实验

1. 磁化与磁畴

使原来没有磁性的物质具有磁性的过程称为磁化。铁磁物质可以看作由许多称为磁畴的小磁体所组成。在无外磁场作用时，磁畴排列杂乱无章，磁性互相抵消，对外不显磁性，如图 6-3a 所示；但在外磁场作用下，磁畴就会沿着外磁场方向变成整齐有序的排列，该材料变成一个磁铁，如图 6-3b 所示。

如果将被磁化的材料分成更小的小块，每个小块也都有 N 极和 S 极。

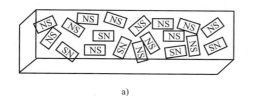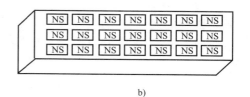

a)   b)

图 6-3　铁磁物质的磁化

a）未被磁化时的磁畴排列　b）有磁性后的磁畴排列

当磁体被加热或者被不断敲打时，磁畴之间相互碰撞发生冲突，磁体会失去磁性。如果人造磁铁不经任何保护措施，长时间放置的话，也会慢慢地失去磁性，因此，不使用磁铁时，可按图 6-4 所示方法以保持磁性、防止消磁。

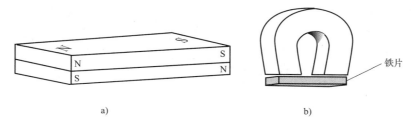

铁片

a)   b)

图 6-4　防止消磁的方法

a）条形磁铁异性磁极叠放　b）马蹄形磁铁吸住铁片保存

2. 磁化曲线

铁磁物质都可以被磁化，但不同铁磁物质的磁化特性不同。磁感应强度 B 和磁场强度 H 变化的规律，可用 B—H 曲线来表示，叫作磁化曲线。未经磁化过的铁磁材料的磁化曲线，称为起始磁化曲线，如图 6-5 中的曲线①所示。图中曲线①是铁磁材料的 B—H 曲线，曲线②是非铁磁材料的 B—H 曲线。

在反复磁化过程中，磁感应强度 B 的变化滞后于磁场强度 H 的变化，故称这条闭合曲线为磁滞回线，如图 6-6 所示。

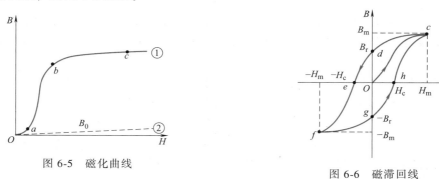

图 6-5　磁化曲线

图 6-6　磁滞回线

磁化过程进行到磁化曲线的 c 点，即 B 达到最大值 B_m 后，此时外磁场强度为 H_m，若转而逐步减小 H，则 B 也从 B_m 下降，但并不沿原来的 B—H 曲线，而是沿另一条曲线 cd 下降。当 $H=0$ 时，$B=B_r \neq 0$（曲线上的 d 点），B_r 称为剩余磁感应强度，简称剩磁。

直到外磁场 H 反向增加到 $-H_c$ 时，B 才等于零（曲线的 e 点），剩磁消除。消除剩磁所需的反向磁场强度的大小 H_c 称为矫顽力。继续增大反向磁场直到 $-H_m$，B 也相应反向增至 $-B_m$（曲线的 f 点）。再使 H 返回零（曲线的 g 点），并又从零增至 H_c（曲线的 h 点），再增至 H_m。

3. 常用磁性材料

不同的铁磁材料具有不同的磁滞回线，剩磁和矫顽力也不相同。一般将磁性材料分为硬磁材料、软磁材料和矩磁材料三类。

硬磁材料的磁滞回线如图 6-7a 所示。硬磁材料的主要特点是需要较强的外磁场作用，才能使其磁化，而且不易退磁，剩磁较强。常用来制造各种形状的永久磁铁和扬声器的磁钢等。

软磁材料的磁滞回线如图 6-7b 所示。软磁材料的主要特点是磁导率高，剩磁小。常用的有电工用纯铁和硅钢片两种。软磁材料常被做成电动机、变压器和电磁铁的铁心。

矩磁材料的磁滞回线接近矩形，如图 6-7c 所示。矩磁材料的特点是在很弱的外磁场作用下，就能被磁化，并达到磁饱和，当撤掉外磁场后，磁性仍然保持与磁饱和状态相同。矩磁材料主要用于制造计算机中存储元件的环形磁心。

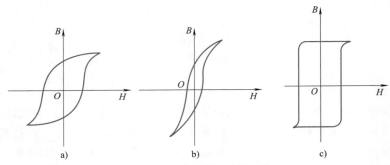

图 6-7　铁磁材料的磁滞回线
a) 硬磁材料　b) 软磁材料　c) 矩磁材料

6.1.3　铁损耗和磁屏蔽

交流铁心线圈在工作时，除了在线圈上存在有功率损耗外，铁心中也会有功率损耗。线圈上损耗的功率 I^2R 称为铜损耗；铁心中损耗的功率称为铁损耗，铁损耗包括磁滞损耗和涡流损耗两部分。

【磁滞损耗】　铁磁材料的磁滞现象所产生的损耗称为磁滞损耗。它是由铁磁材料内部磁畴反复转向，磁畴间相互摩擦引起铁心发热而造成的损耗，与磁滞回线所包围的面积成正比。

【涡流损耗】　将导线绕在金属块上，当导线中通入变化的电流时，穿过金属块的磁通发生变化，金属块内部会产生闭合涡旋状感应电流，这种感应电流叫作涡流。涡流是法国物理学家 J.B.L. 傅科发现的，所以也叫作傅科电流。

涡流主要应用的有电磁阻尼作用、电磁驱动作用和热效应等特性。

在冶金工业上，利用涡流的热效应制成高频感应炉来冶炼金属，如图 6-8 所示。由于可以把高频感应炉等放在真空中加热，既避免金属受污染，又不会使金属在高温下氧化，因此高频感应炉广泛应用于冶炼特种钢、提纯半导体材料等工艺中。

但是涡流也有其不利的方面。当电动机、变压器的线圈中有交流电通过时，所引起的涡流导致能量损耗，叫作涡流损耗。为了减小涡流和涡流损耗，铁心常采用两面均有氧化膜或涂有绝缘漆、各层之间互相绝缘的硅钢片叠压而成，并使硅钢片平面与磁力线平行，以尽量减小涡流，如图 6-9 所示。

图 6-8　高频感应炉

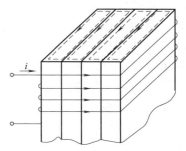

图 6-9　铁心中的涡流

【磁屏蔽】　在电子技术中，为了避免电磁干扰对电子产品性能的影响，可把元器件或线圈放在铁磁材料做成的屏蔽罩内。由于铁磁材料的磁导率比空气的磁导率大几千倍，因此屏蔽罩的磁阻比空气磁阻小很多，外磁场的磁通沿磁阻小的空腔两侧屏蔽罩通过，进入空腔的磁通很少，从而起到磁屏蔽的作用。为了更好地达到磁屏蔽的目的，常常采用多层屏蔽罩屏蔽的办法。对高频变化的磁场，常常用铜或铝等导电性能良好的金属制成屏蔽罩，交变的磁场在金属屏蔽罩上产生很大的涡流，利用涡流的去磁作用来达到磁屏蔽的目的。

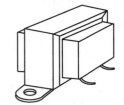

图 6-10　屏蔽电感器

屏蔽电感器如图 6-10 所示，它有一个用磁性材料制成的屏蔽层，用以保护其不受其他磁场的影响。

小提示

静电屏蔽与磁屏蔽的区别

❖ 静电屏蔽是用屏蔽罩把电力线中断，即电力线不能进入屏蔽罩。磁屏蔽是屏蔽层把磁力线旁路，即让磁力线从屏蔽罩的侧壁通过，两者的屏蔽原理是不同的。

巩固与提高

1. 填空题

（1）使原来没有磁性的物质具有磁性的过程称为_____。

（2）一般将磁性材料分为_____材料、_____材料和矩磁材料三类。

（3）适合制造各种形状的永久磁铁的材料是_____材料。

2. 简答题

为什么电感式镇流器中采用硅钢片而不是采用整块硅钢？试说明原因。

知识拓展

电磁炉是如何工作的

电磁炉是一种比传统灶具更节能、更安全、更环保的新型灶具，它是利用涡流来实现对食物加热的，工作原理如图 6-11 所示。接通电源，置于炉内的电子电路产生振荡频率只有 20~30kHz 的交变磁场（对人体无害），当铁质锅具底部与炉面接触时，即在锅具底部金属部分产生涡流，涡流使锅具铁分子高速无规则运动，分子互相碰撞、摩擦而产生热能，使锅具本身自行快速发热来加热食物。由于电磁炉煮食的热源来

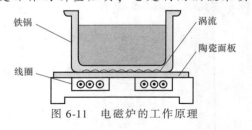

图 6-11　电磁炉的工作原理

自于锅具底部而不是电磁炉本身发热传导给锅具，所以热效率要比其他炊具高出近 1 倍。

6.2 变压器

在日常生活和生产中，不同的场合需要不同的电压等级，如一般的日常照明和家电产品的电压为 220V；工业上使用的三相异步电动机，一般额定电压为 380V；机床局部照明为 36V 或更低。因此常采用不同规格的变压器将交流电压进行变换，以满足不同的需要。变压器既可以变换电压，又可以变换电流和阻抗，在电力传输、自动控制和电子设备中广泛使用。

1. 小型变压器的外形与结构

小型变压器按用途分为电源变压器、选频变压器、耦合变压器和隔离变压器；按工作频率分为高频变压器、中频变压器、低频变压器；按绕组类型分为双绕组变压器和多绕组变压器；按铁心结构类型分为心式变压器和壳式变压器；按导磁材料分为铁心变压器和空心变压器。图 6-12 是常用的小型电源变压器。

变压器主要由铁心、绕组和附件等组成。根据铁心和绕组相对位置的不同，小型单相变压器分为心式变压器和壳式变压器两种，如图 6-13 所示。

图 6-12　常用的小型电源变压器

心式变压器的特点是绕组包围铁心，其构造简单，绕组的安装和绝缘比较容易，多用于容量较大的变压器中。壳式变压器的特点是铁心包围绕组，多用于小容量的变压器中。

【铁心】　铁心是变压器的磁路部分，并作为变压器的机械骨架。为了减小涡流损耗和磁滞损耗，铁心一般由厚 0.35mm 或 0.5mm 表面涂有绝缘漆的冷轧或热轧硅钢片叠装而成。铁心有 EI 形、F 形、∏ 形和 C 形等多种。

【绕组】　绕组是变压器的电路部分，一般用绝缘扁铜线或漆包线在绕线模上绕制而成。与电源连接的绕组称为一次绕组；与负载连接的绕组称为二次绕组。根据不同的需要，一个变压器可以有多个二次绕组，以输出不同的电压。

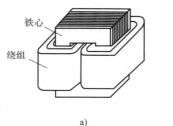
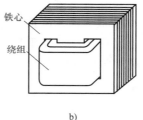

a)　　　　　　　　　　　　b)

图 6-13　小型单相变压器
a）心式　b）壳式

小型变压器原理

【附件】　小型变压器所用附件主要有绝缘材料、屏蔽罩和绕组骨架等。

2. 小型变压器的作用

【电压变换】　若变压器一次绕组匝数为 N_1，二次绕组的匝数为 N_2，一、二次绕组的匝数比用 n 表示，当变压器二次绕组开路，一次侧接通电源，变压器空载运行，经推导可得电压比为

$$\frac{U_1}{U_2} = \frac{N_1}{N_2} = n \tag{6-4}$$

当 $n>1$ 时是降压变压器，当 $n<1$ 时是升压变压器。在实际应用中，常在二次绕组留有抽头，换接不同的抽头，可获得不同数值的输出电压。

例 6-1　已知某小型电源变压器的一次电压为 220V，二次电压为 36V，一次绕组匝数为 1100 匝，试求其电压比和二次绕组的匝数。

解：由式（6-4）可得变压器的电压比

$$n = \frac{U_1}{U_2} = \frac{N_1}{N_2} = \frac{220}{36} = 6.1$$

变压器的二次绕组匝数　　　$$N_2 = \frac{1100}{6.1} = 180 \text{ 匝}$$

【电流变换】　变压器带负载工作时，一次、二次绕组的电流比为

$$\frac{I_1}{I_2} = \frac{N_2}{N_1} = \frac{1}{n} \tag{6-5}$$

电流比等于一、二次绕组匝数的反比。变压器在变换电压的同时也变换了电流。

【阻抗变换】　变压器带负载工作时，负载阻抗 $|Z_L|$ 决定二次绕组电流 I_2 的大小，I_2 的大小又决定一次绕组电流 I_1 的大小。若一次侧等效阻抗为 $|Z'|$，经推导可得

$$\frac{|Z'|}{|Z_L|} = \left(\frac{N_1}{N_2}\right)^2 = n^2 \tag{6-6}$$

当变压器的负载阻抗 $|Z_L|$ 一定时，改变一、二次绕组的匝数，可获得所需的阻抗。阻抗匹配是变压器一个很重要的应用。当负载阻抗与电源阻抗匹配时，电源输出的功率

最大。

选择变压器的电压比，可使晶体管放大器的阻抗与扬声器的阻抗相匹配。

例6-2　在晶体管收音机输出电路中，电源的阻抗为100Ω，而变压器二次绕组所接的扬声器阻抗为4Ω，若达到阻抗匹配，所需的变压器电压比是多少？

解：所需的变压器电压比为$\dfrac{100}{4}=n^2$

则一、二次绕组的匝数比$n=5$。

巩固与提高

1. 填空题

（1）变压器按铁心结构类型分为_____变压器和_____变压器。

（2）变压器主要由_____、_____和_____等组成。

2. 单选题

（1）变压器一次、二次绕组中不能改变的物理量是（　　）。

A. 电压　　　　　　　　B. 电流　　　　　　　　C. 阻抗　　　　　　　　D. 频率

（2）一台变压器$U_1=220V$，$N_1=100$匝，$N_2=50$匝，则$U_2=$（　　）V。

A. 110　　　　　　　　B. 440　　　　　　　　C. 220　　　　　　　　D. 50

实训6　小型变压器检测

实训目标

1）能用直流法及交流法测试变压器绕组的同名端；

2）能测试变压器绕组之间以及绕组与地之间的绝缘电阻；

3）会测量变压器绕组的直流电阻。

实训器材

小型变压器一只、MF47型万用表一块、绝缘电阻表一块、1.5V电池一节。

实训内容

小型变压器的检测包括通电前的检测和同名端的判别两部分内容。

1. 小型变压器通电前的检测

小型电源变压器在使用前要进行检测，具体方法如下：

1）根据标记判别一、二次绕组。小型电源变压器一次绕组多标有220V或380V字样，二次绕组则标出额定电压值，如15V、24V、36V等。

2）外观检查。检查变压器铁心、绕组、绕组骨架、引出线及其套管、绝缘材料有无机械损伤；检查绕组有无断线、脱焊、霉变或烧焦的痕迹；检查绝缘材料是否老化、发脆、剥落等。

3）绕组通断的检测。根据绕组直流电阻的大小选择用万用表或电桥进行检测。

电阻值偏大时，能用万用表电阻档测量的，可直接用万用表检测各绕组的直流电阻。

测试中，若某个绕组的电阻值为无穷大，则说明此绕组有断路性故障。

当电阻值较小，不能用万用表测试时，则应用单臂电桥或双臂电桥进行检测。

4）绝缘测试。用绝缘电阻表对变压器进行绝缘测试。绝缘电阻表的正确使用见本章操作指导。

小技巧

❖ 没有绝缘电阻表的情况下用万用表的 R×10k 档，分别测量一、二次绕组与铁心、各绕组之间的电阻值，万用表指针均应指在无穷大位置不动，否则说明变压器绝缘性能不良。

2. 小型变压器同名端的判别

在使用多绕组变压器时，常常需要弄清各绕组引出线的同名端或异名端，才能正确地将线圈并联或串联使用。常用的判别方法有直流判别法和交流判别法。判别步骤如下：

【直流判别法】

1）万用表置于最小直流电压档。

2）按图 6-14 所示接入万用表，取一节 1.5V 的干电池，在接入变压器一次绕组的瞬间，观察万用表指针的偏转情况，若指针正偏，则与电池正极相连的 1 端和与万用表红表笔相连的 3 端为同名端。

【交流判别法】

1）如图 6-15 所示，将两个绕组任意两端连接在一起（如 2 端和 4 端），在一次绕组两端加一个较低的交流电压，测出 1 端和 2 端之间的电压值 U_1。

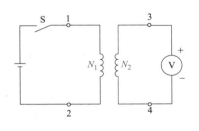

图 6-14　直流法判定绕组同名端

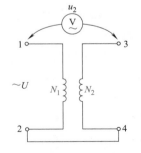

图 6-15　交流法判定绕组同名端

2）测量出 1 端和 3 端之间的电压值 U_2。若 $U_1 > U_2$，则 1 端和 3 端是同名端；若 $U_1 < U_2$，则 1 端和 4 端是同名端。

实训评价

小型变压器检测的评价标准见表 6-2 。

表 6-2　自评互评表

班级		姓名		学号		组别	
项目	考核内容		配分	评分标准		自评分	互评分
绕组通断检查	1. 能理解铭牌数据 2. 能进行外观检查 3. 绕组通断检测		20	1. 不能区分一、二次绕组,扣 1~5 分 2. 不能进行外观检查,扣 1~5 分 3. 不能进行绕组通断检测,扣 5~10 分			
绝缘测试	正确进行绝缘测试		20	1. 不能进行绕组间绝缘检测,扣 1~10 分 2. 不能进行绕组对外壳的绝缘检测,扣 1~10 分			
同名端判别	1. 正确运用直流判别法 2. 正确运用交流判别法		50	1. 不能正确运用直流判别法查找同名端,扣 10~25 分 2. 不能正确运用交流判别法查找同名端,扣 10~25 分			
安全文明操作	1. 工作台上工具排放整齐 2. 严格遵守安全操作规程		10	1. 工作台上不整洁,扣 1~5 分 2. 违反安全文明操作规程,酌情扣 1~5 分			
合计			100				

学生交流改进总结:

_____

教师总评及签名:

_____

操作指导　绝缘电阻表的正确使用

1. 外形、结构及工作原理

绝缘电阻表又称兆欧表,俗称摇表,是电工常用的一种测量仪表。绝缘电阻表主要用来检查电气设备、家用电器或电气线路对地及相间的绝缘电阻,以保证这些设备、电器和线路工作在正常状态,避免发生触电伤亡及设备损坏等事故。绝缘电阻表外形及原理图如图 6-16 所示。

磁电式表头被置于永久磁铁中,两个互成一定角度的可动线圈与指针一起固定在一个转轴上,构成表头的可动部分。线圈 1 与 R_1 和被测电阻 R_x 串联,线圈 2 与电阻 R_2 串联,两线圈回路并联到手摇发电机两端。处在磁场中的通电线圈受到磁场力的作用,使线圈 1 产生转动力矩 M_1,线圈 2 产生转动力矩 M_2,由于两线圈绕向相反,从而 M_1 与 M_2 方向相反,两个力矩作用的合力矩使指针发生偏转。在 $M_1 = M_2$ 时,指针静止不动,这时指针指示的就是被测设备的绝缘电阻值。

2. 绝缘电阻表的正确使用

【绝缘电阻表的选择】　绝缘电阻表的电压等级应高于被测物的绝缘电压等级。所以测量额定电压在 500V 以下的设备或线路的绝缘电阻时,可选用 500V 或 1000V 绝缘电阻表;

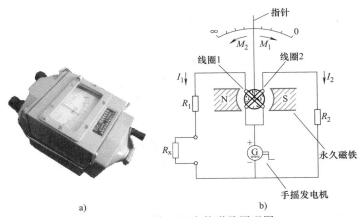

图 6-16　绝缘电阻表外形及原理图

测量额定电压在 500V 以上的设备或线路的绝缘电阻时，应选用 1000~2500V 绝缘电阻表；测量绝缘子时，应选用 2500~5000V 绝缘电阻表。

【测量步骤】

1）准备。

① 接线端子与被测物之间的连接导线应采用单股线，不宜用双股线，以免因双股线之间的绝缘影响读数。

② 切断被测电器设备的电源，不允许带电测量。

③ 测量前将被测端子短路放电。

④ 测量前用干净的布或棉纱擦净被测物。

2）检测。

① 将绝缘电阻表放在水平位置并要求放置平稳，L、G 端子开路时指针应指向"∞"处。

② 将绝缘电阻表的地线 E 和线路 L 短接，慢摇手柄，观察指针是否能指向刻度的零处。如能指向零处，则证明表完好。注意该项检测时间要短。

3）连线。绝缘电阻表有三个接线端子，分别为"线路"（L）、"接地"（E）、"保护环"或"屏蔽"（G）。测量时，一般只用 L、E 两个接线端子。但在被测物表面漏电较严重时，必须用 G 端子，以消除因表面漏电而引起的误差。

① 测量电动机、变压器等的绕组与机座间的绝缘电阻时，按图 6-17a 接线。

② 测量导线线芯与外皮间的绝缘电阻时，按图 6-17b 接线。

③ 测量电缆的线芯与屏蔽层间的绝缘电阻时，按图 6-17c 接线。

4）测量。顺时针摇动绝缘电阻表的手柄，使手柄逐渐加速到 120r/min 左右，待指针稳

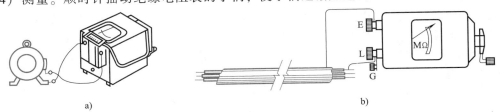

图 6-17　绝缘电阻表测量时的接线示意图

a）测量绕组与机座间的绝缘电阻　b）测量导线线芯与外皮间的绝缘电阻

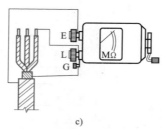

c)

图 6-17　绝缘电阻表测量时的接线示意图（续）

c）测量电缆的线芯与屏蔽层间的绝缘电阻

定时，继续保持这个速度，使指针稳定 1min，这时的读数就是被测对象的电阻值。

5）拆线。测试完毕，要先将 L 端子与被测物断开，然后再停止绝缘电阻表的摇动，防止电容放电，损坏绝缘电阻表。且测试完绝缘电阻的电气设备，应将与绝缘电阻表相连的两端放电，以免发生危险。

本 章 小 结

1）磁通所经过的路径叫作磁路。

2）在磁路中存在主磁通和漏磁通。

3）磁路的磁通势、磁通及磁阻三者之间的关系可用磁路的欧姆定律表示。

4）不同的铁磁材料具有不同的磁滞回线，剩磁和矫顽力也不相同。一般将磁性材料分为硬磁材料、软磁材料和矩磁材料三类。

5）铁心中的损耗包括磁滞损耗和涡流损耗两部分。

6）变压器主要由铁心、绕组和附件等组成。它既可以变换电压，又可以变换电流和阻抗。

7）变压器的作用：电压变换、电流变换和阻抗变换。

练 习 题

1. 选择题

（1）适用于制作永久磁铁和扬声器的材料是（　　　）。

A. 软磁材料　　　　　B. 硬磁材料　　　　　C. 矩磁材料　　　　　D. 顺磁材料

（2）适用于变压器铁心的材料是（　　　）。

A. 软磁材料　　　　　B. 硬磁材料　　　　　C. 矩磁材料　　　　　D. 顺磁材料

（3）变压器的匝数比 K 大于 1 时，变压器为（　　　）。

A. 升压变压器　　　B. 降压变压器　　　C. 升压降压变压器　　D. 电流互感器

2. 判断题

（1）电路中所需的各种直流电压可以通过变压器变换获得。　　　　　　　　　　（　　）

（2）变压器用作改变电压时，电压比是一、二次绕组匝数的二次方比。　　　　（　　）

（3）变压器是根据电磁感应原理工作的，它能改变交流电压和直流电压。　　　（　　）

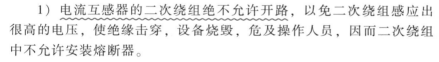

知 识 问 答

问题 1. 说明电压互感器的工作原理及使用注意事项。

答：电压互感器主要用于高电压的测量。使用时，把匝数较多的高压绕组跨接在需要测量电压的供电线上，而匝数较少的低压绕组与电压表相连，接线示意图如图 6-18 所示。

1）电压互感器的二次绕组绝不允许短路，否则可能产生很大的短路电流而烧坏二次绕组，应在一、二次绕组中都接入熔断器，还可加设保护电阻，用以减小短路电流。

2）应将铁壳和二次绕组的一端接地，以防绝缘介质损坏后，一次绕组的高压传到二次绕组。

3）二次绕组回路不宜接过多的仪表，以免电流过大引起较大的漏阻抗压降，影响互感器的准确度。

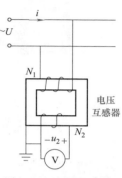

图 6-18　电压互感器
接线示意图

问题 2. 说明电流互感器的工作原理及使用注意事项。

答：电流互感器主要用于大电流的测量。电流互感器的一次绕组匝数较少，只有一匝或几匝，用粗导线绕制，与被测大电流电路串联；二次绕组匝数较多，用细导线绕制，与电流表串联，接线示意图如图 6-19 所示。

1）电流互感器的二次绕组绝不允许开路，以免二次绕组感应出很高的电压，使绝缘击穿，设备烧毁，危及操作人员，因而二次绕组中不允许安装熔断器。

2）应将铁壳和二次绕组的一端接地，以防一次绕组的高压传到二次绕组。

3）二次绕组回路串入的阻抗不能超过允许的额定值，否则将导致测量误差增大。

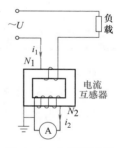

图 6-19　电流互感器
接线示意图

专业英语词汇

magnet	磁铁	magnetic circuit	磁路
eddy current	涡流	eddy current loss	涡流损耗
transformer	变压器	transformer loss	变压器损耗
megger	绝缘电阻表		

第7章

综合实训 户内开关箱的安装与调试

本章导读

实训目标

1. 能正确选择导线和低压断路器；
2. 能按工艺要求进行电路配线；
3. 能正确检测户内开关箱电路。

任务描述

　　住宅内部的电源是取自供电系统的低压配电电路，即进户线穿过进户管后，先接入单元配电箱，再接到用户的分配电箱，经低压断路器接到灯具、插座等用电设备上。户内开关箱内，应分别设置中性线（N线）和保护地线（PE线）汇流排，中性线和保护地线应分别在汇流排上连接，不得绞接，应有编号。户内开关箱如图7-1所示。

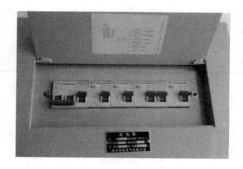

图 7-1　户内开关箱

任务分解

　　户内开关箱电路的安装与调试可分解成以下学习任务：识读电路图、元器件的识别与选择、电路的安装与调试等。

任务一　识读电路图

1. 识读电路图

户内开关箱的电路图如图 7-2 所示。

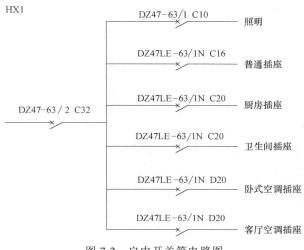

图 7-2　户内开关箱电路图

电路由 7 个低压断路器组成，用于总电源开关的低压断路器具有欠电压保护功能，为插座供电的低压断路器均带有剩余电流保护功能。

2. 工具材料清单

户内开关箱电路安装与调试所用的工具材料清单见表 7-1。

表 7-1　户内开关箱所用工具材料清单

序号	名　称	型 号 规 格	数量	单位
1	常用电工工具	含内六角	1	套
2	万用表	自定	1	只
3	绝缘电阻表	500V	1	只
4	手电钻		1	只
5	液压钳		1	只
6	热风枪		1	只
7	低压断路器	DZ47-63/2 C32	1	只
8	低压断路器	DZ47-63/1 C10	1	只
9	低压断路器	DZ47LE-63/1N C16	1	只
10	低压断路器	DZ47LE-63/1N C20	2	只
11	低压断路器	DZ47LE-63/1N D20	2	只
12	导线	BVR 1.0mm²	若干	m
13	导线	BV 2.5mm²	若干	m
14	导轨	35mm	若干	m
15	线鼻子	16mm²	2	个
16	热缩管	黄色　蓝色	若干	m
17	扎带	尼龙绑扎带	若干	个

任务二　元器件的识别与选择

1. 低压断路器

低压断路器俗称自动空气开关，是一种既有开关作用，又能进行自动保护的低压电器，当电路发生短路、过载、电压过低（欠电压）等故障时能自动切断电路，主要用于不频繁接通和分断电路及控制电动机的运行。

【外形、符号】　常用的断路器有塑壳式（装置式）和框架式（万能式）两类，其外形及符号如图 7-3 所示。

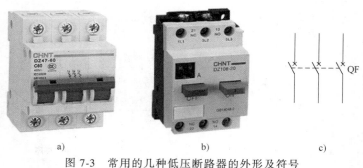

a)　　　　　　　　　b)　　　　　　　　　c)

图 7-3　常用的几种低压断路器的外形及符号

a）DZ47 系列　b）DZ108 系列　c）符号

【型号】　低压断路器的型号及其含义为

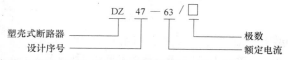

【结构】　低压断路器主要由触头系统、灭弧装置、传动机构和保护装置组成，当电路出现故障时，促使触头分断，快速切断电源。其中 DZ47 系列内部构件解剖图如图 7-4 所示。

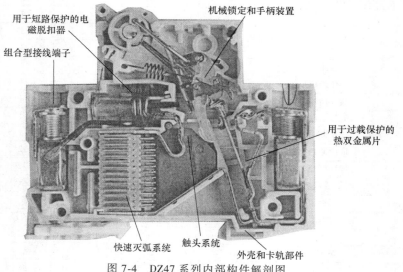

图 7-4　DZ47 系列内部构件解剖图

【安装、接线】　低压断路器在安装接线时应注意如下几个方面：

1）低压断路器应垂直于配电板安装，电源引线接到上接线端，负载引线接到下接线端，如图 7-5 所示。

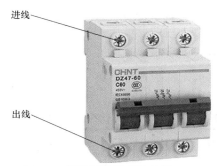

图 7-5　低压断路器安装接线

2）低压断路器用作电源总开关或电动机控制开关时，在电源进线侧必须加装刀开关或熔断器等，以形成一个明显的断开点。

【选择】　低压断路器的选择原则为：

1）额定电流在 600A 以下，且短路电流不大时，可选用塑壳式断路器；额定电流较大，短路电流亦较大时，应选用万能式断路器。

2）低压断路器的相数、极数及操作机构形式应符合工作环境、保护性能等方面的要求。

3）额定电压应不低于装设地点线路的额定电压。

4）额定电流应不小于它所能安装的最大脱扣器的额定电流。

5）短路断流能力应不小于线路中最大的短路电流。

2. 导线

【型号】　塑料绝缘导线的绝缘性能良好，适用于电器仪表设备及动力照明固定布线，常用的型号有 BV、BLV、BVV、BLVV、BVR 等。型号中的字母含义如下：

1）"B" 表示布线用电线，电压 300~500V。

2）第一个 "V" 表示聚氯乙烯（塑料）绝缘线。

3）第二个 "V" 表示塑料护套。

4）"L" 为铝线，型号中不带 "L" 为铜线。

5）"R" 表示软线，即多股芯线。

如 BVV 表示聚氯乙烯绝缘的铜芯塑料护套线。

【选择】

1）导线颜色选择。根据 GB 50303—2015《建筑电气工程施工质量验收规范》的规定，当配线采用多相导线时，其相线的颜色应易于区分，相线与中性线的颜色应不同，同一建筑物、构筑物内的导线，其颜色选择应统一；保护地线（PE 线）应采用黄绿颜色相间的绝缘导线；中性线宜采用淡蓝色绝缘导线。

2）导线线径选择。导线、电缆截面（或线径）的选择必须满足安全、可靠和经济的条件，各种导线的载流量（安全电流）通常可以从手册中查找。但实际工作中常利用口诀算出，比查表要方便很多。

小技巧

❖ 铝导线载流量估算口诀（具体见表7-2）：

二点五下乘以九，往上减一顺号走。

三十五乘三点五，双双成组减点五。

条件有变加折算，高温九折铜升级。

穿管根数二三四，八七六折满载流。

表7-2 铝导线载流量（安全电流）和导线截面积的关系

导线截面积/mm²	1	1.5	2.5	4	6	10	16	25	35	50	70	96	120
载流是截面积的倍数		9		8	7	6	5	4	3.5		3		2.5
载流量/A	9	14	23	32	48	60	90	100	123	150	210	238	300

注：若选择铜导线，则比表中铝导线低一个线号。

❖ 导线载流量经验法选择：导线的安全载流量是根据所允许的线芯最高温度、冷却条件、敷设条件来确定的。一般铜导线的安全载流量为 $5\sim8A/mm^2$，铝导线的安全载流量为 $3\sim5A/mm^2$。

任务三 电路的安装与调试

1. 电路安装

1）划线打孔。将导轨、低压断路器、中性线汇流排、保护地线汇流排在配电板上放好位置，调整好位置后用铅笔画出需要打孔的位置和尺寸。较小的孔可用手电钻打孔，若孔径较大，可用钻床进行加工。

小技巧

用手电钻打安装孔时的注意事项

❖ ① 更换相应的钻头（如选用 φ3.2mm 的钻头），在薄板上钻孔要选用慢速档，向下压的力不要过大，否则易折断钻头。

❖ ② 换用 φ4mm 的丝锥，手电钻正转时，缓慢用力下行，打透后立刻停止，使手电钻反转，缓慢退出丝锥，则套螺纹完成。

❖ ③ 一对丝锥分为头锥和二锥，在薄板上套螺纹用头锥即可，在厚板上打孔时，先用头锥再用二锥。

2）套护线圈。在打好的孔里安上护线圈，以防导线被划伤。

3）固定低压断路器。上好螺钉，固定好导轨。将低压断路器固定到导轨上，上好中性线、保护地线汇流排，如图 7-6 所示。

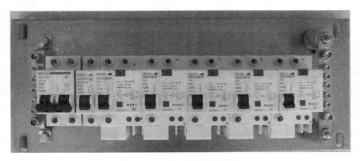

图 7-6　固定低压断路器

2. 电路配线

安装好电器元件后，按照图 7-2 所示电路图进行电路配线。配线工艺要求如下：

1）布线时，严禁损伤线芯和导线绝缘。

2）布线应横平竖直，分布均匀。同一平面上的导线应高低一致或前后一致，不能交叉。

3）导线与接线桩连接时，应不反圈、不压绝缘层和不露铜过长。

4）线头压接牢固，稍用力拉扯不应有松动感。

5）一个电器元件接线端子上的连接导线不能超过两根，每节接线端子板的连接导线一般只允许连接一根。

6）多根导线配置时应捆扎成线束，线束可以制成方形、长方形或圆形，一般用尼龙扎带或螺旋管捆扎成圆形。

7）线束要求横平竖直，层次分明，外层导线应平直，内层导线不扭曲或扭绞，在排线时要将贯穿上下的较长导线排在外层，分支线与主线成直角，从线束背面或侧面引出，结束弯曲宜逐条用手弯成小圆角，其弯曲半径应大于导线直径的 2 倍，不准用工具强行弯曲。

8）用扎带捆扎时应注意形状美观，保持线束平直挺括，捆扎时扎带应锁紧，扎带锁头位置一般放在侧边上角处，扎带尾线留有 3mm 长为宜。

线束制作工艺要求如图 7-7 所示。

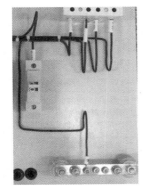 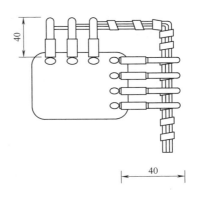

图 7-7　线束制作工艺要求

户内开关箱电路安装好后如图 7-8 所示。

3. 电路检测

安装接线完毕，必须经过认真检测后才允许通电运行。

1）检查导线连接的正确性。按电路图从电源端开始，逐段核对接线是否正确，有无漏接、错接之处。检查导线接点是否符合要求，压接是否牢固。

图 7-8　户内开关箱电路完成图

2）用万用表检测。合上低压断路器，用万用表的通断档检测各回路导线是否接通。

3）检测绝缘电阻。配线完成后，应进行各回路的绝缘检查，绝缘电阻值应符合现行国家标准 GB 50150—2016《电气装置安装工程　电气设备交接试验标准》的有关规定，并应做好记录。

用绝缘电阻表检测相线与外壳、相线与中性线、相线与保护零线间的绝缘电阻，绝缘电阻值应不小于 $1M\Omega$。

4. 箱体安装

开关箱应安装牢固，横平竖直，垂直偏差不应大于 3mm。暗装时，开关箱四周应无空隙，其面板四周边缘应紧贴墙面，箱体与建筑物、构筑物接触部分应涂防腐漆。金属壳配电箱外壳必须可靠接地。

实训评价

户内开关箱的安装与调试自评互评表见表 7-3。

表 7-3　自评互评表

班级		姓名		学号		组别	
项目	考核内容	配分		评分标准		自评分	互评分
识读电路图	能正确分析电路	10		不能正确讲解电路原理，扣 1~10 分			
元器件的识别与选择	对所用元器件进行识别，能说明元器件铭牌含义	10		1. 不能正确识别元器件，扣 1~5 分 2. 元器件型号选择错误，扣 1~5 分			
元器件安装固定	元器件安装正确，布局合理	20		1. 元器件安装位置不正确，每处扣 1~2 分 2. 元器件安装不牢，每处扣 1~2 分 3. 损坏元器件，每处扣 1~5 分			
电路配线	能按照电路图接线	30		1. 配线不符合要求，酌情扣 1~2 分 2. 接线相序错误或极性接错，扣 1~10 分 3. 虚接，每处扣 1~2 分 4. 线路不美观，扣 1~5 分			
电路检测	安装好后进行电路检测	20		1. 不能正确使用工具，扣 1~10 分 2. 不能检测电路，扣 1~10 分			
安全文明操作	1. 工作台上工具排放整齐 2. 严格遵守安全操作规程	10		1. 工作台上不整洁，扣 1~5 分 2. 违反安全文明操作规程，酌情扣 1~5 分			
合计		100					

学生交流改进总结：

教师签名：

知识拓展

剩余电流断路器的工作原理

剩余电流断路器是用来防止人身触电或设备漏电事故的一种接地保护装置，从而防止发生人体触电或火灾等事故。用户使用的电气设备如果漏电，剩余电流断路器会自动跳闸，以确保用户安全。剩余电流断路器的工作原理如图7-9所示。

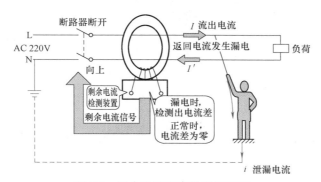

图 7-9 剩余电流断路器工作原理

参 考 文 献

［1］ 刘志平，苏永昌. 电工基础［M］. 2 版. 北京：高等教育出版社，2006.

［2］ 程周. 电工基础实验［M］. 2 版. 北京：高等教育出版社，2006.

［3］ 黄海平. 完全图解家庭电工［M］. 北京：科学出版社，2007.

［4］ 周德仁. 电工技术基础与技能［M］. 2 版. 北京：电子工业出版社，2020.

［5］ GATES E D. 电工与电子技术［M］. 李宇峰，王勇，李新宇，译. 北京：高等教育出版社，2004.

［6］ 朱照红，张帆. 电工技能训练［M］. 4 版. 北京：中国劳动社会保障出版社，2007.

［7］ 王敏，王芳. 图解电工知识要诀［M］. 3 版. 北京：中国电力出版社，2011.

［8］ 文春帆，金受非. 电工仪表与测量［M］. 3 版. 北京：高等教育出版社，2011.

［9］ 韩广兴，韩雪涛，吴瑛，等. 电工实用技术应用技能上岗实训［M］. 北京：电子工业出版社，2008.

［10］ 储克森. 电工技术实训［M］. 2 版. 北京：机械工业出版社，2009.

［11］ 王占元，籍宇，王宁. 电工基础［M］. 2 版. 北京：机械工业出版社，2007.

［12］ 刘涛. 电工技能训练［M］. 北京：电子工业出版社，2005.

［13］ 商福恭. 电工实用口诀［M］. 3 版. 北京：中国电力出版社，2014.

［14］ 徐三元. 低压电工作业［M］. 修订版. 徐州：中国矿业大学出版社，2016.